湖南种植结构调整暨产业扶贫实用技术丛书

落叶果树栽培技术

luoyeguoshu
zaipeijishu

U0247556

主　　编：杨国顺　成智涛

副 主 编：王仁才　卜范文　徐　丰

编写人员：杨国顺　成智涛　王仁才　卜范文

　　　　　刘昆玉　徐　丰　张　平　黄　佳

　　　　　曾　斌　何科佳　徐　海　向　敏

湖南科学技术出版社

《湖南种植结构调整暨产业扶贫实用技术丛书》
编写委员会

重农固本是安民之基、治国之要。党的"十八大"以来，习近平总书记坚持把解决好"三农"问题作为全党工作的重中之重，不断推进"三农"工作理论创新、实践创新、制度创新，推动农业农村发展取得历史性成就。当前是全面建成小康社会的决胜期，是大力实施乡村振兴战略的爬坡阶段，是脱贫攻坚进入决战决胜的关键时期，如何通过推进种植结构调整和产业扶贫来实现农业更强、农村更美、农民更富，是摆在我们面前的重大课题。

  湖南是农业大省，农作物常年播种面积 1.32 亿亩，水稻、油菜、柑橘、茶叶等产量位居全国前列。随着全省农业结构调整、污染耕地修复治理和产业扶贫工作的深入推进，部分耕地退出水稻生产，发展技术优、效益好、可持续的特色农业产业成为当务之急。但在实际生产中，由于部分农户对替代作物生产不甚了解，跟风种植、措施不当、效益不高等现象时有发生，有些模式难以达到预期效益，甚至出现亏损，影响了种植结构调整和产业扶贫的成效。

  2014 年以来，在财政部、农业农村部等相关部委支持下，湖南省在长株潭地区实施种植结构调整试点。省委、省政府高度重视，高位部署，强力推动；地方各级政府高度负责、因地制宜、分类施策；有关专家广泛开展科学试验、分析总结、示范推广；新型农业经营主体和广大农民积极参与、密切配合、全力落实。在各级农业农村部门和新型农业经营主体的共同努力下，湖南省种植结构调整和产业扶贫工作取得了阶段性成效，集成了一批技术较为成熟、效益比较明显的产业发展模式，涌现了一批带动能力强、示范效果好的扶贫典型。

为系统总结成功模式，宣传推广典型经验，湖南省农业农村厅种植业管理处组织有关专家编撰了《湖南种植结构调整暨产业扶贫实用技术丛书》。丛书共 12 册，分别是《常绿果树栽培技术》《落叶果树栽培技术》《园林花卉栽培技术》《棉花轻简化栽培技术》《茶叶优质高效生产技术》《稻渔综合种养技术》《饲草生产与利用技术》《中药材栽培技术》《蔬菜高效生产技术》《西瓜甜瓜栽培技术》《麻类作物栽培利用新技术》《栽桑养蚕新技术》，每册配有关键技术挂图。丛书凝练了我省种植结构调整和产业扶贫的最新成果，具有较强的针对性、指导性和可操作性，希望全省农业农村系统干部、新型农业经营主体和广大农民朋友认真钻研、学习借鉴、从中获益，在优化种植结构调整、保障农产品质量安全，推进产业扶贫、实现乡村振兴中做出更大贡献。

丛书编委会

2020 年 1 月

落叶果树**栽培技术**

目 录
Contents

第一章
葡萄栽培技术

第二章
狝猴桃栽培技术

第三章
梨栽培技术

第四章

桃栽培技术

5

第五章
李栽培技术

第六章
樱桃栽培技术

第七章
蓝莓栽培技术

8

第八章
南方鲜食枣栽培技术

第一章
葡萄栽培技术

杨国顺　　徐　丰

第一节　葡萄产业发展概况

一、中国葡萄生产基本情况

根据国家农业部统计资料显示，截至 2015 年年底，我国葡萄栽培总面积为 79.92 万公顷，位居世界第二位，产量达 1366.9 万吨，位居世界第一。葡萄栽培总面积仅次于柑橘、苹果、梨、桃，占全国果树栽培总面积（1281.67 万公顷）的 6.24%，居第五位；从总量上来看，仅次于苹果、柑橘、梨，占全国果品总产量（17479.57 万吨）的 7.82%，居全国水果产量第四位，超过桃的产量。我国葡萄栽培面积、产量和单产总体均呈现出稳定上升趋势。葡萄种植面积由 1980 年的 3.16 万公顷增长至 2015 年的 79.916 万公顷，年平均增长率为 9.67%，葡萄产量由 1980 年的 11 万吨，增长为 2015 年的 1366.9 万吨，产量增长幅度大于面积的增长幅度，年均增长率 14.77%，2000 年以来，产量由 328.2 万吨增长到 2015 年的 1366.9 万吨，年平均增长率 9.98%。而从种植区域来看，主要种植区集中在新疆、河北、陕西、山东和辽宁等省自治区，自 2000 年以来，随着重庆、陕西等中部地区以及湖南、浙江、广西等南方地区葡萄种植面积的增长迅速，导致 2015 年新疆、河北、

1

山东 3 省（自治区）的种植面积、产量所占的比重逐渐降低，四川、云南省的葡萄产量与面积持续增长，由此可以看出，我国葡萄生产规模开始呈现出西迁与南移的发展趋势。

二、湖南省葡萄产业概况

据湖南省农业厅统计，2015 年湖南省葡萄种植面积 2.93 万公顷，年总产量达到 57.04 万吨。鲜食葡萄栽培面积在 2.67 万公顷以上，其中欧亚种葡萄占 33%，以红地球、红宝石无核、美人指、维多利亚等为主栽品种。欧美杂种葡萄占 42.6% 左右，主要为巨峰、红瑞宝、早生高墨、藤稔、京亚、夏黑无核等。湖南地区特有的刺葡萄资源，除具有高抗、耐瘠薄、丰产稳产、加工性能好等特点外，还可以依山顺势建棚搭架，在怀化市刺葡萄已种植在海拔 800m 以下的坡地，其种植面积已达 0.68 万公顷，占葡萄总面积的 23.2%。目前，湖南省已经形成了三大葡萄产区：一是湘南地区以衡阳市、郴州市为主的欧美杂交品种产区；二是湘西地区以怀化市为主的刺葡萄品种产区；三是湘北地区以常德市、岳阳市为主的欧亚品种产区，面积约 0.34 万公顷。

第二节　主要葡萄品种特性及生产要求

湖南省位于北纬 24°38′~30°08′ 为大陆性亚热带季风湿润气候，气候具有三个特点：第一，光、热、水资源丰富，三者的高值又基本同步。第二，气候年内变化较大。冬寒冷而夏酷热，春温多变，秋温陡降，春夏多雨，秋冬干旱。气候的年际变化也较大。第三，气候垂直变化最明显的地带为三面环山的山地。尤以湘西与湘南山地更为显著，年平均气温一般为 16~19℃，冬季最冷月（1 月）平均温度都在 4℃ 以上，日平均气温在 0℃ 以下的天数平均每年不到 10 天。春、秋两季平均气温大多在 16~19℃，秋温略高于春温。湖南夏季平均气温大多在 26~29℃，热量充足，大部分地区日平均气温稳定通过 0℃以上的活动积温为 5600~6800℃；10℃以上的活动积温为 5000~5840℃，可持续 238~256 天；15℃以上的活动积温为 4100~5100℃，可持续 180~208 天；无霜期 253~311 天。能够满足生产绿色优质葡萄的基本气候条件。

一、阳光玫瑰

嫩梢绿色，无绒毛。幼叶薄，叶面绿色，有光泽，叶片上表面、下表面均无绒毛。成龄叶中等，扇形，中厚，绿色，5 裂，裂刻中等，叶片波浪状，叶表面光滑，叶缘锯齿大，稍尖。叶柄洼呈椭圆形。叶柄绿色，且短于中脉，节间短。

图 1-1 阳光玫瑰

两性花。果穗大，为圆锥形，穗形紧凑美观，果粒着生中等紧密，果粒形状为长椭圆，黄绿，果粉少，成熟期一致，不裂果，不落粒，粒重 11.0 克，平均亩产（1 亩≈666.7 米²）1200~1500 千克，肉硬皮薄，果肉可溶性固形物一茬果为 18%~20%，具有浓郁的玫瑰香味，风味优等。

二、夏黑无核

嫩梢黄绿色，幼叶乳黄至浅绿色，成龄叶片近圆形，叶片 3 或 5 裂，叶柄凹多为矢形，枝条红褐色，两性花，三倍体。果穗圆锥形，间或有双歧肩。果粒着生紧密，果粒近圆形，紫黑色或蓝黑色。植株生长势极强，一般 3 月中旬萌芽，4 月底到 5 月初开花，7 月中旬果实成熟。不裂果，无核。不脱粒，耐贮运。平

图 1-2 夏黑无核结果状

均粒重 8.0~9.5 克，平均亩产 1350~2000 千克，果粉厚，果皮较厚，肉质硬脆，浓甜爽口，有浓郁草莓香味，风味佳。

三、春光

嫩梢梢尖半开张，绒毛着色深；幼叶红棕色，花青素着色中等。叶片 5 裂。成熟枝条光滑，红褐色。在 8 月初旬果实成熟。果穗大，果粒大，平均粒重 9.5 克，平均亩产 1500~2000 千克，果实紫黑色，果粉较厚，果皮较厚，具草莓香味，果肉较脆，风味甜，品质佳。

图 1-3　春光结果状

四、瑞都红玉

新梢半直立，节间背侧绿色具红条纹，节间腹侧绿色，无绒毛，嫩梢梢尖开张，绒毛中。单叶心脏形，5 裂，叶缘上卷，上裂刻稍重叠，下裂刻开张，锯齿形状为双侧凸。一般 3 月中旬萌芽，4 月底到 5 月初开花，7 月下旬果实成熟。果穗圆锥形，个别有副穗，单或双歧肩，平均单穗重 404 克。果粒长椭圆形或卵圆形，粒重 5~7 克，大多有 2~4 粒种子，平均亩产 1500~2000 千克，果实紫红色或红紫色，果皮薄至中等厚，果肉较脆、酸甜多汁、硬度中等，品质优。

五、刺葡萄

木质藤本。小枝圆柱形，纵棱纹幼时不明显，最典型特征当年生、一年生枝被密生皮刺。卷须 2 叉分枝，每隔 2 节间断与叶对生。叶卵圆形或椭圆形，不分裂或微 3 浅裂，目前湖南审定的品种有紫秋、湘酿 1 号，另有地方类型湘

图 1-4　刺葡萄结果状

珍珠等。果穗圆锥形、圆柱形，平均单穗重 120~250 克，粒重 3~7 克，大多有 3~4 粒种子，平均亩产 1750~2500 千克，果皮紫黑色，厚，果粉厚，且种子与肉囊不分离，可用于鲜食与酿酒。

第三节　葡萄建园规划与实施

葡萄园的建园应根据园区的功能定位，如都市科普型、观光休闲型、近郊采摘型、市场供应型的不同，结合地理位置特点，进行功能定位→种植模式方式的确定→栽培设施计划→道路设计→小区规划→详细施工图→建设。

一、常规葡萄园的建设

主要为市场供应型，在湖南省部分地区，欧亚种葡萄的避雨栽培需要建防风林才能保护葡萄植株和避雨栽培设施不受风害，且防风林还能调节园内小环境的温度和湿度，防止水土流失。林带面积一般占葡萄园面积的 8%~10%，防风范围为林带高度的 20 倍。主林带要与当地主风向垂直，以达到最好的防风效果。防风林不得采用白杨树等与葡萄病虫相同的寄生树种，园区离橘树 1000 米以上。

（一）小区划分

按每 1.5 公顷划一小区，园区主道 3.5~5.0 米，支道 2.5~3.0 米，南北行向，行长以 60~80 米为宜，最长不超过 100 米。丘岗坡地建葡萄园，如果采用"T"形或"V"形架，宜按等高线挖定植沟，单行畦面宽 2.5~2.8 米，双行畦面宽 5.0~5.6 米；如果栽培酿酒葡萄，宜随坡顺势，坡度<15°，为便于管理与有利通风，每一整体棚面面积的大小宜根据地形地势决定，但最大整体棚面面积必须是≤0.1 公顷。

（二）排灌系统

平地葡萄园要有灌溉沟；丘岗坡地葡萄园宜在葡萄园最高处，根据面积大小设置蓄水池。排水沟的设置，每 1.5 公顷左右开一条主排水沟，一般沟面宽 2.0~3.0 米、沟底宽 0.6~1.0 米、深 1.5~2.0 米。垄中间开横沟，一般沟面宽 0.8~1.2 米、沟底宽 0.3~0.5 米、深 0.6~0.8 米。

（三）定植沟

按照行距 2.5~2.8 米，株距 1.5~1.8 米开挖。一般按南北行向，行距 2.5~2.8 米，丘岗坡地定植沟宽 1.0~1.2 米，深 0.8~1.0 米，湖区平地定植沟宽 0.6~0.8 米，深 0.5~0.6 米；湖区的板结土壤按丘岗地挖定植沟。

（四）底肥

一般每亩需饼肥 300 千克，磷肥 150 千克，人畜粪 2500~5000 千克，40% 硫酸钾复合肥 50~75 千克，锯末屑、稻草等 2000 千克左右，土杂肥 2 立方米以上。饼肥与磷肥混合发酵 15 天左右。施用的磷肥，湖区选用过磷酸钙，山丘岗地选用钙镁磷。先将已发酵的饼肥、磷肥、人畜粪各 50% 施入沟底，深翻 20 厘米左右，底土与肥要充分拌匀，然后施入锯末屑、稻草等，回填 50% 的土壤以后，再施入已发酵的饼肥、磷肥、人畜粪、硫酸钾复合肥各 50%。再回填剩余的土，将另 50% 的硫酸钾复合肥以定植沟为中心，撒入 1~1.2 米宽的土面，用旋耕机将土与肥拌匀，土壤经旋耕打碎后，再开沟整垄，垄沟宽 30~50 厘米，垄脊与沟底落差 20~40 厘米。此项工作需在定植前一个月完成。

（五）栽植

栽植前应对苗木消毒，一般消毒 2 次，第 1 次用 50% 辛硫磷 500~800 倍液浸泡苗木 1~2 分钟，晾干后用 5 波美度石硫合剂浸泡苗木上部枝蔓 1~2 分钟以上，切勿浸泡根部。挑选合格健壮的嫁接苗木，基部粗度 0.5 厘米以上，3~5 个饱满芽，定植嫁接苗时需清除嫁接口的嫁接膜。栽植前按行距 2.5~2.8 米，株距 1.5~1.8 米，定点划线。栽植时根系要摆布均匀，使其舒展，填土 50% 时要轻轻提苗，填土至与地面相平后踏实，最后浇足定根水，对全园充分灌水后覆盖宽 1.2 米、厚 0.14 毫米黑色地膜，打孔将苗引出膜外。对埋施基肥过迟而肥料未充分发酵腐熟的园地，苗木定植时须在定植穴内客土。

（六）避雨棚的构建

1.水泥柱制作

南北两头水泥柱规格 2.5 米×0.1 米×0.1 米，内放直径 4 毫米冷拉丝 4 根，从水泥柱顶部往下 20 厘米处预埋一根 10 厘米长、直径 14 毫米的圆钢，外露 2 厘米（图 1-5）。

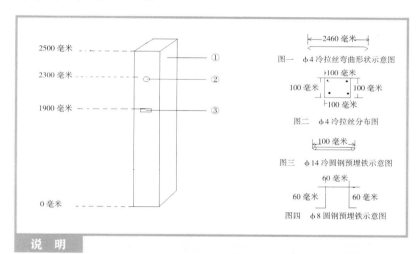

图一 φ4 冷拉丝弯曲形状示意图

图二 φ4 冷拉丝分布图

图三 φ14 冷圆钢预埋铁示意图

图四 φ8 圆钢预埋铁示意图

图 1-5
避雨棚架南北两头
档柱制作示意图

说　明

①南北档柱规格：2500 毫米×100 毫米×100 毫米，内放四根 φ4 冷拉丝，每根长 2500 毫米，弯曲后长 2460 毫米（图一），预埋时参照图一形状，图二摆放，四周边均要有 10～15 毫米混凝土保护层。②柱顶往下 200 毫米处，埋好 φ14 圆钢 100 毫米长，埋入 80 毫米，外露 20 毫米（图三）。③柱顶往下 600 毫米处埋入 φ8 钢筋如图四所示形状，焊接横端用，注意预埋铁与水泥柱正面平整，保证横端焊接后牢固。

垅中间柱规格 3 米×0.1 米×0.1 米，内放直径 4 毫米冷拉丝 4 根，在水泥柱顶部预埋一根长 20 厘米、直径 12 毫米螺纹钢，外露 3 厘米，从其顶部往下 0.5 厘米处钻一个直径 3 毫米的孔（图 1-6）。并注意预埋螺纹网孔的方向一致，用以穿铁丝固定竹片。

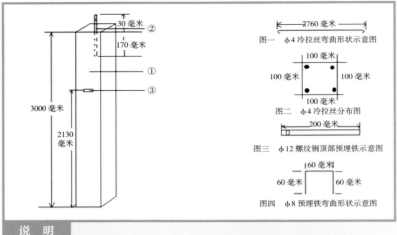

图一　φ4 冷拉丝弯曲形状示意图

图二　φ4 冷拉丝分布图

图三　φ12 螺纹钢顶部预埋铁示意图

图四　φ8 预埋铁弯曲形状示意图

图 1-6
避雨棚中间柱制作
示意图

说　明

①中间柱规格 3000 毫米×100 毫米×100 毫米。内放 4 根 φ4 冷拉丝，弯曲后长 2760 毫米（图一），按照图二摆放，冷拉丝四周的混凝土保护层 10~15 毫米。②顶部预埋 Φ12 螺纹钢，长 200 毫米，外露 30 毫米，从预埋铁顶部往下 5 毫米处，钻一个 3 毫米的孔，预埋时，注意孔必须正对柱子的正面，以便拉线（图三）。③从顶部往下 970 毫米处，预埋 φ8 圆钢，如图四所示，焊接横档用，注意预埋铁与水泥柱正面平整，以保证焊接后的牢固。

东西向边柱规格 2.5 米×0.1 米×0.1 米，内放直径 4 毫米冷拉丝 4 根，柱顶往下 20 厘米处，预埋 φ14 圆钢，长 10 厘米，外露 2 厘米（图 1-7）。

2. 立架

水泥柱最好在苗木定植前栽好。水泥撑柱规格 3 米×0.1 米×0.1 米，内放直径 4 毫米冷拉丝 4 根，在水泥柱顶部预埋一根长 20 厘米、直径 12 毫米的圆钢，外露 3 厘米（图 1-8）。以上水泥柱内放的直径 4 毫米冷拉丝必须两端弯 2 厘米左右，两端及四周混凝土保护层 1~1.5 厘米。水泥柱间距 5.4~6 米，每两个水泥柱之间栽 3~4 株苗，南北两端的水泥柱从地面至上部预埋铁处高度约 1.7 米，地面以下部分深度约 60 厘米。中间水泥柱从地面至顶部约 2.4 米，地面以下部分深度约 60 厘米。南北两端用外径 25~32 毫

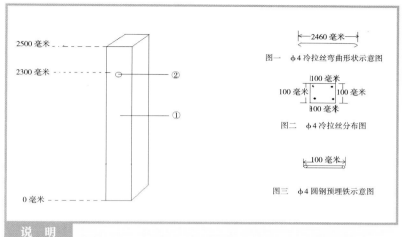

图一　φ4冷拉丝弯曲形状示意图

图二　φ4冷拉丝分布图

图三　φ4圆钢预埋铁示意图

图1-7
避雨棚架东西向边
柱制作示意图

说　明

①东西边柱规格：2500毫米×100毫米×100毫米。内放4根φ4冷拉丝，长2500毫米，弯成形后长2460毫米（图一），按图二分布，混凝土保护层10～15毫米。②柱顶往下200毫米处，预埋φ14圆钢，长100毫米，外露20毫米（图三）。

米，厚壁1.8毫米以上的热镀锌水管焊接。从地面往上1.4米处拉一道2.0#通讯线，1.7米处横向拉一道3.0#通讯线。

每行以水泥柱为中心，分别在两侧距水泥柱中心30厘米、55厘米处，在3.0#铁丝上部共拉4根2.0#通讯线。四周水泥柱立柱，每根用3米长水泥柱作撑（图1-8），下部用规格为宽20厘米，长40～50厘米，深40～50厘米的标号250混凝土作墩固定。墩下应充分夯实后捣混凝土，以上工作在5月上旬完成。

3. 建棚

在1.7米处的棚面上，建棚高0.65～0.70米、宽2.0～2.2米的小拱棚，棚的两端采用钢架，中间用竹片或直径15毫米热镀锌水管支撑。竹片规格为宽3.0～3.5厘米，长2.7米，用生长3年以上老楠竹制成。竹片或直径15毫米热镀锌水管两端分别留4厘米后各钻一个3～4毫米固定孔，隔3～5厘

9

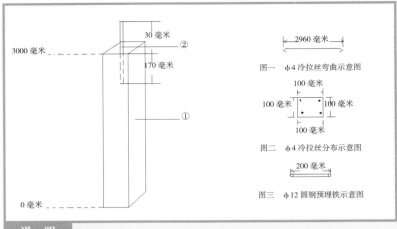

图一 φ4冷拉丝弯曲示意图

图二 φ4冷拉丝分布示意图

图三 φ12圆钢预埋铁示意图

图 1-8

避雨棚架撑柱制
作示意图

说 明

①撑柱规格 3000 毫米 × 100 毫米 × 100 毫米。内放 4 根 φ4 冷拉丝，长 3000 毫米，两端各弯曲 30 毫米，弯成型后长 2960 毫米（图一）。φ4 冷拉丝的分布如图二，混凝土保护层 10 ~ 15 毫米。②顶部预埋 φ12 圆钢，长 200 毫米，外露 30 毫米（图三），不需要钻孔，预埋时保证周边混凝土密实，确保预埋牢固。

米再各钻一个 3~4 毫米拉线孔，用 3 毫米全新乙烯线拉成需要的规格形状，两个孔勿在一条直线上，以防竹片纵裂。避雨棚骨架固定竹片处用直径 1.6 毫米热镀锌通讯线固定，两边用直径 2.5 毫米热镀锌钢丝，顶部用 2.0 毫米热镀锌钢丝，再用直径 1.6 毫米热镀锌铁丝将两边避雨棚主钢丝固定在每排水泥柱横向 3.0# 通讯线上面。

根据湖南的气候特点，一般 3 月下旬至 4 月上旬盖膜。避雨棚采用耐高温聚乙烯长寿膜（EVA），宽 2.8 米左右，厚 0.6 毫米，于采果后撤除薄膜，以改善光照条件，增强植株的光合效能，从而提高花芽的质量。

二、根域限制栽培葡萄园的建设

（一）根域限制栽培的设计

根域限制栽培主要为都市科普型、观光休闲型葡萄园和部分近郊采摘型葡萄园适用。

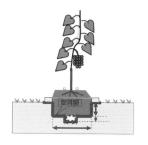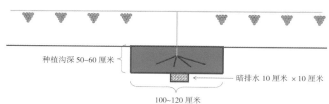

种植沟深 50~60 厘米

暗排水 10 厘米 × 10 厘米

100~120 厘米

图 1-9　根域限制栽培原理图

图 1-10　箱框式（左）、条沟式（右）应用情况

1. 箱框式

优缺点：建设速度快，施工建设过程灵活多变，可不用破土完成，但对灌溉系统、基质均一程度需求高，对水分管理要求高。

2. 条沟式

优缺点：建设成本相对框式低，对水分管理要求较高，但建设程序需要先用挖机开沟，完成种植基质回填后再建设地上部设施。

（二）根域限制栽培的设施要求

1. 大棚的要求

肩高 2.8 米以上，顶高 3.5 米以上，跨度 6 米或 8 米，4 连栋为一单元，长度 50 米以内。

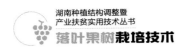
2. 配套要求

顶部侧开窗、四周防虫网、叶幕层通风装置、近地面微喷、肥水一体化系统、预埋施药系统。

（三）施工流程及主要技术参数

1. 种植架式及整形的确定

行距 = 棚跨度，株距由整形模式和品种确定，一字整形，株距 3 米，工字整形 4~8 米。

2. 种植基质的确定

单株容积 = 行距 × 株距 × 0.08；配方以园土、沙、有机物料为主，其中有机物料占比 4/1~1/3 为宜。

3. 种植框或种植沟的确定

种植框：长 × 宽 × 高（一般 50~60 厘米）= 单株容积

种植沟：宽 × 株距 × 高（一般 50 厘米）= 单株容积

第四节　肥水管理技术

一、市场供应型葡萄园施肥技术

（一）定植第一年

每 7~10 天追施 1 次。苗木生长至 8~10 叶时开始追肥，宜逐渐提高所施肥料浓度。第 1 次用 0.15% 尿素加 5% 人畜粪；第 2 次用 0.2% 尿素，人畜粪浓度不变；第 3 次用 0.25% 尿素，10% 人畜粪。当苗高达到 1 米以上时，尿素浓度加到 0.3%~0.4%，人畜粪 10% 左右。当气温在 30℃ 以上时，尿素浓度应控制在 0.3% 以内，人畜粪控制在 10% 以内，特别是在天气炎热的上午 11 点至下午 4 点更应注意肥料的浓度。每株树每次淋施肥水 3~5 千克。7 月下旬至 8 月中旬，离树 60 厘米以外，沿行向两侧每 40 厘米打 1 个直径 8 厘米以上，深 30 厘米以上的孔或开 20 厘米宽、30 厘米深的沟，每亩施饼肥 75~100 千克，硫酸钾复合肥 15~25 千克。9 月底至 10 月初施基肥，每亩施饼肥 200~300 千克，磷肥 50~100 千克，人畜粪 1000~1500 千克，硫酸钾 10~15 千克。距树 60 厘米以外，沿行向两侧每 40 厘米打 1 个直径 8 厘米以上、深 50 厘米以上的孔或开 30 厘米宽、50 厘米深的沟。施肥后应灌水保湿 5~7 天。

（二）定植第二年及以后

①催芽肥：3 月上中旬，每亩淋施尿素 10 千克，人畜粪 100~200 千克，或撒施 45% 硫酸钾复合肥 25 千克左右。坐果率低，树势旺的品种本次不宜施肥。②壮果肥：开花后 10~15 天，在离树 60 厘米以外，沿行向两侧打洞或开沟，每亩施饼肥 100 千克，硫酸钾 25 千克，磷肥 50 千克，尿素 10~15 千克。③上色肥：6 月 20 日前后，每亩施 50% 硫酸钾 20~30 千克，早熟品种施一次；晚熟品种分两次施入，每次施肥间隔 10~15 天。④还阳肥：宜对树势弱、挂果量过多的树施用，于采果后一周之内，每亩施尿素 10~15 千克，50% 硫酸钾 10 千克左右。对树势旺，挂果少的树不宜施还阳肥。⑤基肥：9 月底至 10 月初施基肥，施肥量和施肥方法同定植当年。

二、根域限制肥水一体化养分管理技术

根域限制栽培的肥水管理基础为种植时种植基质配比，根据目标产量来计算当年需肥量，再根据需肥规律及水溶性肥的特点制定年度施肥方案。各个生产园区及选择的水溶肥产品不同，施肥量存在较大差别。但一般来说整体的养分管理存在如下特征：

萌芽前期灌透水一次，根据品种区别可适度增加少量水溶性 N 肥；花前叶面追硼、锌、铁肥；坐果后叶面追钙肥，根据品种追硼、锌肥；坐果后 5~7 天浇透水，保持土壤适度墒情，并同期追施均衡性水溶肥、磷肥、氨基酸 2~3 次，直至转色；进入转色前期，追施高钾水溶肥，适度钙肥。要求高钾、高磷低氮；成熟期控制浇水量，以利于提高果实糖分及着色，但注意

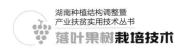
不能让植株处于缺水状态。

注意事项：肥水一起使用时时间在上午 10 点前及下午 4 点以后。在进入 6 月中以后需要对树体进行中午高温下的灌水锻炼，以防止后期高温缺水浇水后出现生理病障。

第五节　主要病虫害防控

一、霜霉病

主要为害葡萄叶片，对果穗、嫩梢、卷须等都可造成危害。湖南省多地在套袋前后发生，后期连续阴雨容易造成霜霉病暴发（图 1-11、图 1-12）。

防治方法：①落叶前、早春萌芽期全园喷施 3~5 波美度石硫合剂；②发病时及时摘除病斑超过 1/3 叶面积的病叶，带出园区烧毁；③发病时全园喷施霜霉病保护性杀菌剂＋内吸性杀菌剂，如施用波尔多液或代森锰锌 +50%烯酰吗啉 3000~4000 倍液；④发病 3 天后喷施内吸性杀菌剂，如施用霜脲氰、精甲霜灵；⑤发病 6 天后喷施霜霉病保护性杀菌剂＋内吸性杀菌剂，如施用三乙磷酸铝＋波尔多液/代森锰锌。

图 1-11　发生在叶背面的葡萄霜霉病

图 1-12　发生在幼果期的霜霉病

二、灰霉病

灰霉病具有寄生性和腐生性，既可以侵染正在生长的葡萄，也可以在枯死的组织上繁殖；同时，灰霉病还可以在不同的作物间相互传染。灰霉病主要发生在花期、成熟期和储藏期，另外，当其他病害造成花序、叶片、果穗腐烂时，往往并发灰霉病（图1-13）。

图1-13　葡萄灰霉病

防治方法：开花前嘧菌酯＋抑霉唑/嘧霉胺/甲基硫菌灵，重点是花序；谢花后可用嘧霉胺/甲基硫菌灵/抑霉唑/啶酰菌胺等内吸杀菌剂；转色期发生可用嘧菌酯＋福美双；成熟期可用美胺＋抑霉唑重点喷果穗，换用新袋。

图1-14　葡萄溃疡病

三、溃疡病

葡萄溃疡病为真菌病害，多侵染枝条，造成枯死或溃疡斑。成熟期果穗表现较重，果柄干枯或水浸状，大量落粒或不落（图1-14）。

防治方法：控制合理的负载量，加强树势培养，发现枝条感染，及时剪除病枝，用保倍福美双＋腐霉利＋40%氟硅唑喷雾。发病穗可以在剪除发病部位后用汇葡/氟硅唑＋抑霉唑处理果穗。

四、酸腐病

酸腐病是一种混发病害，成熟期发病，发生原因是由其他病害或生理问题造成的葡萄裂果、腐烂，继而感染真菌、细菌并招引醋蝇，酸腐病防治难度大，要注意控制产量和前期果穗病害的防治（图1-15）。

防治方法：刚发生时马上全园施用1次10%联苯菊酯3000倍液＋80%

必备 600 倍液，然后尽快剪除发病穗，全部带出田外，挖坑深埋。有醋蝇的果园，全园用药后，在没有风的晴天早上，可以用 50% 灭蝇胺 1000 倍液全园喷施，同时结合醋蝇诱杀。

图 1-15　葡萄酸腐病（左为套袋，右为不套袋）

五、粉蚧

粉蚧在湖南发生较多的为康氏粉蚧，防治关键时期在 4 月中旬至 5 月中旬。

防治方法：喷施杀虫剂并配合助剂或杀卵剂使用，效果优。主要的杀虫剂可选用吡虫啉、啶虫脒、阿维菌素、吡蚜酮等。

六、螨类

葡萄展叶前后为螨类防治关键期，可选择阿维菌素、哒螨灵、联苯菊酯等杀虫剂。

七、天牛

天牛为蛀干害虫，重点防控时期为成虫产卵期至幼虫孵化未进入枝干期。

防治方法：成虫羽化期可用敌敌畏、辛硫磷等喷雾。若有蛀干，在葡萄采后喷施内吸性杀虫剂、敌敌畏等，将药液注入蛀孔并严密封堵。

第六节　栽培管理月历

表 1-1　葡萄栽培管理月历

月份		物候期	田间管理	树体管理	病虫防治	育苗
1 月	上	被迫休眠期	制定年工作计划	冬季修剪	结合修剪，彻底清园	检查贮存插条及假植苗木
	中					
	下					
2 月	上					营养袋温室育苗
	中					
	下					
3 月	上		栽支柱，拉铁丝、覆棚膜			
	中				喷施清园药剂并杀越冬害虫	
	下	伤流期		栽苗前苗木消毒		室内硬枝嫁接，整地
4 月	上	萌芽期	覆膜施速效氮肥，灌催芽水		喷保护剂	营养袋苗叶面喷肥防病虫害
	中		施壮芽肥	抹芽、除萌	喷防治剂	露地扦插育苗、覆膜
	下	枝叶急速生长	中耕除杂草	定梢、绑蔓	喷保护剂	苗圃施速效肥
5 月	上	开花期花芽开始分化	严禁花期喷药	摘心、保花保果，喷硼砂 0.3% 及 0.5% 尿素	喷防治剂	开始绿枝嫁接
	中				防灰霉病、穗轴褐枯病、早期霜霉病	营养袋苗栽植
	下			副梢摘心、绑蔓		苗圃中耕，除草
6 月	上	幼果生长期				
	中		施壮果肥	果穗修剪		引扶苗木
	下		中耕松土除草	果穗修剪套袋	喷保护剂	苗圃施肥
7 月	上		施磷钾肥（着色）	叶面喷磷酸二氢钾及其他微肥	防白粉病、炭疽病	绿植嫁接结束
	中	早熟品种成熟		采收早熟品种		苗木摘心催壮
	下		中耕松土	叶面喷磷酸二氢钾	检查，摘除病果、病叶	

17

续表

月份		物候期	田间管理	树体管理	病虫防治	育苗
8月	上	中熟品种成熟	施磷钾肥（着色）	叶面喷磷酸二氢钾	喷防治剂	苗圃停速效肥防病虫害
	中					
	下	枝条开始老熟		叶面喷磷酸二氢钾，施钙肥	主要防治霜霉病及其他病虫害等	控制田间水分
9月	上		施磷钾肥（着色）			
	中	晚熟品种成熟		叶面喷施尿素		防霜霉病及虫害
	下			保护秋叶		
10月	上	开始落叶进入休眠期	采后沟施基肥			
	中					
	下					
11月	上		挖定定植沟			出苗，假植苗木
	中		行间深耕施基肥			
	下					
12月	上		冬灌	开始冬剪		剪插条，埋土过冬
	中					
	下					

注：具体问题应具体分析，以当地气候及物候期为准。

王仁才

猕猴桃是一种维生素 C 含量极为丰富的藤本浆果果树，为多年生雌雄异株落叶藤本植物。据相关统计，湖南省有猕猴桃属植物 30 余种，占全国总数的 34.70%。20 世纪 90 年代，由于湘西的地理优势、扶贫开发的支持，以及猕猴桃加工业的发展，猕猴桃生产得到迅速发展。目前猕猴桃品种中，红肉价格最高，其次是黄肉猕猴桃，红阳猕猴桃市场价格达 18~40 元/千克，经贮藏 1 个月后达到 36~40 元/千克，产品供不应求。成年果园亩均纯收入达 1 万元以上，最高亩产达 3 万 ~4 万元。相对其他农作物收入是最高的。随着社会生态知识的日益普及和人们生活水平的不断提高，绿色食品的需求量也会与日俱增；况且，人们对猕猴桃的认识也日益全面，需求量也会大幅增加。因此，猕猴桃绿色高效栽培技术的研发和推广，为当今猕猴桃产业技术的主要发展方向。

第一节　主要栽培种类与品种

一、主要栽培种类

猕猴桃属猕猴桃科（Actinidiaceae）、猕猴桃属（*Actinidia Lindl*）。猕猴

桃属全世界约有 63 个种，我国原产 59 种。其中开发利用较大的有：中华猕猴桃、美味猕猴桃、软枣猕猴桃、毛花猕猴桃、阔叶猕猴桃、葛枣猕猴桃、紫果猕猴桃等，其中以前三种栽培利用价值最大。

（一）中华猕猴桃

原称中华猕猴桃软毛变种，或称软毛。主要分布在江西、河南、湖北、浙江、安徽、福建、广东、广西、陕西、河南等地。植株新梢黄绿或微带红色，植株（枝、叶、果）均密生极短茸毛，后期枝条和果实上的茸毛易脱落，几乎光滑无毛，叶长 6~8 厘米，宽 7~9 厘米，顶端较平或凹缺。本种到目前为止经济价值还不及美味猕猴桃，但发展潜力仍较大，目前我国中南部正在发展其品种。

（二）美味猕猴桃

原称中华硬毛变种，或称硬毛。主要分布在湖南、湖北、陕西、四川、云南、贵州、广西、河南等高海拔地区，偏西分布。植株生长势强，新梢带紫红色，植株密被棕黄色硬毛或糙毛，老枝茸毛脱落但不易落净，果实密被黄褐色硬毛，成熟时硬毛残存；叶长 9~11 厘米，宽 8~10 厘米，顶端多短尖或急尖。果肉多绿色或翠绿色，色美味浓，具浓郁清香，品质佳，果实多耐贮藏，在夏季高温干旱的低海拔地区栽培表现的适应性一般较弱，果实成熟期较晚些。

二、主要品种

（一）米良 1 号

由湖南吉首大学从野生美味猕猴桃资源中选育而成。该品种树势强旺，成花容易，有单花和序花，在雄株充足的情况下，自然授粉坐果率 90% 以上。果实长圆柱形，美观整齐，平均果重约 100 克，果皮棕褐色，被长茸毛，果顶呈乳头状突起。果肉黄绿色，汁液多，酸甜适度，风味纯正具清香。该品种适应性强，产量高，为当今湘西地区的主栽品种。

（二）红阳

红阳红心猕猴桃由四川省自然资源研究所和苍溪县农业局共同从河南野

生中华猕猴桃种子实生后代种选育而成。自然生长平均果重约 65 克，果顶、果基凹，用膨大剂处理平均重达 80~100 克。果肉质细嫩多汁，果实贮藏性一般，采后 10~15 天软熟，但货架期极短，软熟后 3~5 天。因果肉突出的浓甜风味，市场反响好，现在是湖南省发展较快的栽培品种，一般在 8 月中下旬成熟。

（三）脐红

脐红猕猴桃是"红阳"的芽变优系。果实近圆柱形，平均单果重 97 克。果皮绿色，无茸毛，果顶下凹，萼洼处有明显的肚脐状突起。果肉黄绿色，肉质细，多汁，鲜果含总糖 12.56%，软熟后可溶性固形物含量 19.9%。树势旺，抗逆性较强。在陕西关中地区 9 月下旬成熟，适宜在秦岭以南及类似生态区栽培。2014 年 3 月通过了陕西省果树品种审定委员会审定。湖南地区一般在 8 月下旬成熟。

（四）东红

品种果实中大、整齐，一般单果重 80~130 克，最大果重达 160 克，果实为短圆柱形，果皮绿褐色，无毛，果汁特多，酸甜适中，清香爽口，鲜食加工俱佳，特别适合制作工艺菜肴。可溶性固形物含量 16.5% 湖南地区一般在 9 月上

图 2-1　东红猕猴桃

旬成熟，果心横截面呈放射状红色，条纹似太阳，光芒四射，美艳夺目，看之饱眼福，食之饱口福，含有补血养颜功效的红色素（图 2-1）。

（五）黄金果

黄金果又名早金，是新西兰选育出的黄肉猕猴桃品种，因成熟后果肉为黄色而得名。果实为长卵圆形，果喙端尖、具喙，果实中等大小，单果重 80~140 克，软熟果肉黄色至金黄色，味甜具芳香，肉质细嫩，风味浓郁，

可溶性固形物含量 15%~19%，干物质含量 17%~20%，果实硬度 1.2~1.4 千克/厘米²。果实贮藏性中等，最佳的贮藏温度应在（1.5±0.5）℃，以减少冷藏损伤及腐烂。湖南地区一般在 9 月中旬成熟。

（六）金艳

金艳猕猴桃树势强壮，枝梢粗壮，果长圆柱形，平均单果重 101 克，最大果重 141 克，丰产性突出，美观整齐，果皮黄褐色，果子光滑、茸毛少；从内在看，果肉金黄、维生素 C 含量高、肉质细嫩多汁、风味香甜可口、营养丰富。而且，"金艳"硬度大，特耐贮藏，货架期长。在常温下贮藏 3 个月好果率仍超过 90%，与最耐贮藏的品种"海沃德"相当。"金艳"在湖南主要种植于常德地区，一般在 9 月中旬成熟。

（七）沁香

沁香猕猴桃（图 2-2）是湖南农业大学与东山峰农场从猕猴桃野生资源中选育而成的美味猕猴桃品种。盛产期亩产 2000 千克以上，果实品质上乘，商品性好，较耐贮运。果实大，近圆形或卵圆形，果顶平齐。平均单果重 80~90 克，最大果重

图 2-2　沁香猕猴桃

150 克。果皮褐色，密生棕色茸毛，成熟后部分茸毛脱落。果肉绿色，果心中等大，中轴胎座质地柔软，种子较少，果实较耐贮藏。选择海拔 1000 米以下山丘种植为最宜，亩栽 50 株左右。湖南地区一般在 9 月中旬成熟。

（八）炎农 3 号

炎农 3 号为长沙炎农生物科技有限公司选育。该品种果肉为绿色，口感好，糖度高，可溶性固形物含量达到 18% 左右。其果实大，丰产性好，平均单果重 110 克左右，单产约 2500 千克/亩。与大多数绿肉猕猴桃品种相

比，"炎农3号"果实茸毛少，果面光洁，10月上、中旬成熟。果实贮藏性好，在冷藏条件下，可贮藏6个月以上。

（九）中猕2号

"中猕2号"猕猴桃是从"米良1号"דtab行雄鹰"杂交后代中选出的中熟优良新品种。果实椭圆形，果面具有灰褐色硬毛，大小整齐，平均单果重108克。果肉翠绿色，口感香甜。总糖12.4%，总酸1.88%，可溶性固形物含量17.4%，干物质含量21.05%。果实在9月中下旬成熟。丰产，抗逆性强。早果性和丰产性优于栽培面积较大的绿肉品种"海沃德"。湖南地区一般在9月上旬成熟。

（十）翠玉

翠玉猕猴桃是从中华猕猴桃野生资源中选出的优质耐贮品种。翠玉猕猴桃果实圆锥形，果突起，果皮绿褐色，果面光滑无毛，平均单果重85~95克，最大单果重129~242克。翠玉猕猴桃果肉绿色或翠绿色，肉质致密、细嫩、多汁，风味浓甜，成熟期9月中旬，三年生株产量均达20千克，最高株产49千克，盛产期亩产可达2500~4000千克。

第二节　猕猴桃的生物学特性

猕猴桃为木质藤本植物，其嫩梢具有蔓性，常按逆时针方向旋转，缠绕支撑物，向上生长。人工栽培的猕猴桃骨架由主干、主蔓、结果母枝蔓、结果枝蔓和营养枝蔓组成。

一、主要生长结果特性

（一）根系生长

猕猴桃根为肉质根，初生根乳白色，渐变为淡黄色，暴露于地表老根呈黄褐色，主根不发达，侧根多而密集，根系垂直分布主要集中在20~50厘

图 2-3　猕猴桃果园

米土层中，水平分布为树冠冠幅的 2~3 倍。根系在土壤温度 8℃时开始活动，25℃进入生长高峰期，一年中两次生长高峰期分别出现在 6 月和 9 月，30℃以上新根停止生长（图 2-3）。

（二）枝条生长

猕猴桃新梢生长与根系的生长交替进行，新梢生长期 170~190 天，一年有两个高峰期，第一次在 5 月上中旬至下旬，第二次在 8 月中下旬。猕猴桃枝条具有逆时针旋转盘绕支撑物向上生长的特性，枝条芽位向上的生长旺盛，与地面平行的生长中庸。

（三）叶片生长

猕猴桃叶片生长从芽萌动开始，展叶后随着枝条生长而生长，正常叶片从展叶至成型大需要 35~40 天，叶片迅速生长集中在展叶后的 10~25 天。

（四）开花特性

猕猴桃为雌雄异株植物，雌花和雄花都是形态上的两性花，生理上的单性花，雌花与雄花均不产生花蜜。猕猴桃花一般着生在结果枝下部腋间，花期因种类、品种而有较大差异，美味猕猴桃品种在陕西关中地区一般于 5 月上中旬开花，中华猕猴桃品种一般比美味猕猴桃开花早 5~7 天（图 2-4）。

图 2-4　猕猴桃开花特性

（五）结果习性

猕猴桃早实性强，成花容易，坐果率高。一般第四年即可开花结果，6~7 年进入盛果期。猕猴桃为混合芽，花芽分化后，上一年度选留的结果母枝萌发抽生结果枝，结果枝上开花结果，一个结果枝一般着生 3~5 个果实（图 2-5）。

图 2-5　猕猴桃结果特性

二、适宜的生长环境条件

（一）温度

猕猴桃大多数种要求温暖湿润的气候，即亚热带或温带湿润半湿润气候，主要分布在北纬 18°~34° 的广大地区，年平均气温在 11.3~16.9℃，极端最高气温 42.6℃，极端最低气温约在 −20.3℃，10℃以上的有效积温为 4500~5200℃，无霜期 160~270 天。

（二）光照

猕猴桃种类喜半阴环境，喜阳光但对强光照射比较敏感，属中等喜光性果树树种，要求日照时间为 1300~2600 小时，喜漫射光，忌强光直射。结果株要求一定的光照，自然光照强度以 42%~45% 为宜。

（三）土壤

土壤以深厚肥沃、透气性好，地下水位在 1 米以下，有机质含量高，pH 值 5.5~6.5 微酸性的沙质土壤为宜，强酸或碱性土壤需改良后再栽培。

（四）水分

中国猕猴桃桃的自然分布区年降水量在 800~2200 毫米，空气相对湿度为 74.3%~85%。一般来说，凡年降水量在 1000~2000 毫米、空气相对湿度在 80% 左右的地区，均能满足猕猴桃生长发育对水分的要求。

第三节　猕猴桃园的建立

一、园地的选择与规划

（一）园地选择

①园地选择应考虑土层深厚，土壤中性或偏酸性，相对空气湿度 65% 以上，排灌方便，极端最低温不低于 −15.8℃，极端最高温不高于 40℃ 的地方；②平坝区要选择相对地下水位在 1 米以下，而且有排洪大沟（河渠）的地方，山区坡度不应大于 15°；③背风向阳，交通方便。

（二）园地规划

规划出园区的主干道、作业道、主要的排水沟、蓄水池、灌溉设施、积肥池、工具间等基础设施的位置，并于建园改土前建好排水系统和道路系统。根

图 2-6　猕猴桃园地

据地形地势，在果园的四周建防风林，主林带与风向垂直，防止风害。一般山地 50 亩为一个管理区，平坝 100 亩为一个管理区。

（三）设置防风林

防风林树种应选择对当地环境条件适应性强、生长迅速、树冠高大直立、寿命长且经济价值较高的树种。湖南可选择女贞、杉木、湿地松、柳杉、水杉、杨树、樟树、枇杷、冬青、枳壳等，实行常绿与落叶、乔木与灌木相配合，并以常绿树种为主，以预防春季 4~5 月的风害。

二、栽植

（一）授粉品种的选择与配置

一般雌雄株配置比例为 8∶1，或提高至（5~6）∶1，具体配置比例视品

种、栽培条件、架式及栽培密度而定，一般栽培距离大、棚架等则雄株比例相应提高。不管怎样配置，都应尽量保持雄株所占面积不超过 1/9（图 2-7）。

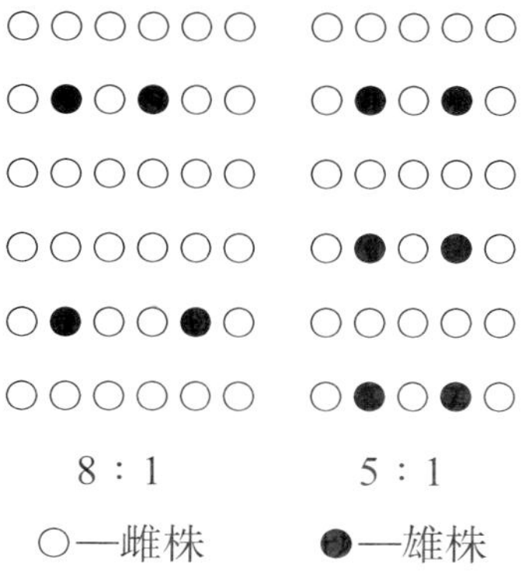

8 : 1　　　　5 : 1

○—雌株　　●—雄株

图 2-7　雌雄株不同配置比例定植图

（二）栽植密度

栽植密度一般依架式、立地条件及栽培管理水平而定。土壤瘠薄、肥力差的地方可密一些；"T"形小棚架比平顶大棚架密些。对于篱架多用 3 米 × 4 米的株行距，"T"形架采用（3~4）米 ×（4~5）米株行距，平顶大棚架多用 4 米 ×（4~5）米的株行距。

（三）整地

平坝区板结地要先耕松 60 厘米，做成深沟高厢（瓦背形），厢宽 2.5 米，沟深 50~80 厘米（因地制宜），沟宽 50 厘米。山区较平缓的大地块也必须开厢挖沟，坡地定植窝挖 80 厘米 × 80 厘米 × 80 厘米的松土坑待用。

（四）定植时期与方法

猕猴桃从落叶后至早春萌芽前均可栽植，以落叶后尽早栽植为好，早春栽植时间不宜迟于 2 月底。定植后适当重剪，留 3~5 个饱满芽即可。在苗木旁插一根长约 1 米的小竹竿，将幼苗固定，以免风折。

（五）定植后的管理

结合抗旱灌水，多次适量追肥。一般从定植后的 2~3 个月开始，每次株施尿素 50~100 克，加水 10~20 千克对施。夏秋干旱季节进行树盘覆盖保湿防旱。此外，注意多留侧枝养根，促进多次抽梢。

三、立架

架材是猕猴桃建园的主要费用，要求在栽植前或栽后尽快设立，否则影响植株的生长及整形。猕猴桃架式很多，一般以水平大棚架和"T"形小棚架较为普遍。

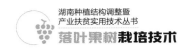
（一）水平大棚架

棚高 1.8~2 米，支柱间距 3 米×5 米、4 米×5 米、5 米×5 米或 3 米×6 米，用钢筋、三角铁（6 厘米×6 厘米）或两块 10 厘米×2.5 厘米层状木板条连接支柱作为横梁。棚面上每隔 60~90 厘米拉一道 6~8 号铁丝成网格状或单向水平状，铁丝固定在横梁上。

（二）"T"形小棚架

地上部分支柱高 1.8 米，单行立柱，每隔 4~6 米设一支柱，柱顶架设一"T"形横梁，其长度为 1.5~2 米。横梁上拉水平铁丝 3 道。为了克服该"T"形架不抗风缺点，可将普通"T"形架改进为降式"T"形架或带翼"T"形架。

第四节　土肥水管理

一、土壤管理

（一）深翻扩穴

一般在建园后的第一年冬季结合施基肥进行，在树盘外围的两边，挖宽 50 厘米，深 50~80 厘米的深沟，在沟底部垫压一层或两层玉米秸秆等，然后埋土，再压秸秆、覆土、施有机肥。每 3~4 年将全园深翻一次。

（二）土壤耕翻

耕翻多在春季或秋季进行，秋耕可松土保墒，每年进行一次全园耕翻，深 20~20 厘米。把待施的有机肥、速效肥撒施在树盘周围，再耕翻。耕翻时不能伤根系，树干附近浅翻。

（三）中耕与除草

一般 4~9 月为杂草生长旺季。待草长到 10 厘米左右，中耕除草，深度 6~10 厘米。树盘周围要浅锄。一般干旱年份，灌水之后黄墒时浅锄一次，一年锄 4~5 次，利于保墒。

（四）树盘覆盖

南方高温季节，温度有时高达 38℃。气温高于 35℃对猕猴桃危害较大，易造成叶缘干枯，叶片萎蔫，严重时脱粒。为避免高温伤害，通常用玉米秸秆等覆盖树盘，覆盖范围大多在根系主要分布区。

二、施肥

猕猴桃枝梢年生长量比一般果树要大得多，故对肥料需要量也大。猕猴桃对各种营养元素的吸收主要是在萌芽至开花、坐果这一段时期，同时对硼元素较其他果树更敏感，对氯的需要量也比一般作物高得多，施肥时应予注意。

（一）幼年树施肥

定植后 1~2 年的幼树根系少而嫩，分布浅，故施肥宜少量多次。一般在 11 月秋施基肥一次，每株施腐熟厩肥 50 千克或饼肥 0.5~1 千克，采用环状沟施或条沟状施肥。前者以树干为中心，距干 60 厘米左右挖一条环状沟，深 40~50 厘米，宽 20~30 厘米，施入拌匀的肥料后盖土。而条沟施肥是在距树干 60 厘米左右两边各挖一条深 40~50 厘米、宽 20~30 厘米的施肥沟，隔年交换沟的方向。

（二）成年结果树的施肥

根据猕猴桃根系生长特性和果实发育习性，成年园生产上一年主要施 3 次肥。

1. 基肥

以农家肥等有机肥为主。基肥每株施厩肥 50 千克，加复合肥 0.5 千克，加过磷酸钙 1~1.5 千克。

2. 萌芽肥

湖南省为 2 月中下旬至 3 月上旬。 以速效氮、磷、钾复合肥辅以稀粪尿为佳。可株施复合肥 0.5~1 千克或腐熟人粪尿 20~30 千克。

3. 壮果肥

一般在谢花后一个月内的 5~6 月施入。 株施复合肥 1~1.5 千克或腐熟

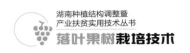

枯饼 1 千克加氯化钾肥 0.5~1 千克。叶面肥可喷施 300 倍氨基酸复合微肥，0.3%~0.4% 的磷酸二氢钾、0.3%~0.5% 尿素、0.3%~1% 的过磷酸钙浸出液、0.05%~0.1% 硫酸亚铁等。

三、水分管理

一般情况下，如果气温持续 35℃以上，叶片开始出现萎蔫迹象时，就要立即灌水。盛夏每 5 天左右需灌水 1 次。与此同时，土壤覆盖保水对其防旱作用是不可忽视的。地表覆盖不仅能有效地防旱保水，促进根系旺盛生长，而且覆盖物腐烂之后，又是很好的肥料，供猕猴桃吸收利用。

第五节　树冠管理

一、整形修剪

（一）整形

1. 单壁篱架整形

当幼树新梢达 1~1.5m 时，将其弯枝水平绑在第一层铁丝的一侧，作为一层一臂。弯枝后，处于极性位置的 1~2 个芽萌发抽生二壮梢，等长到 1 米左右时，选其中之一弯枝并水平绑在第一层铁丝的另一侧，作另一臂。用同样方法处理枝梢，构成第二层二个臂。对于其他侧枝控制或疏除。

2. "T" 形架整形

当主干长至中心铁丝时摘心，促发分枝，选其中最接近中心铁丝、生长健壮枝条两根，沿中心铁丝顺行向向两边延伸作为主枝培养。每个主枝上隔 25~30 厘米培养 1 个侧枝，与两侧铁丝交叉绑缚，当侧枝生长超过最外一道铁丝时，任其下垂生长，在离地 50 厘米处短截。侧枝上着生结果母枝。

（二）修剪

1. 冬季修剪

一般在落叶后至早春伤流前进行（12月中下旬至2月上旬）。主要是结果母枝的更新，每年更新量控制在1/3左右为宜。其修剪方法为：

（1）疏去枯枝、病虫枝、细弱枝、密生枝、交叉枝、重叠枝、无利用价值的根际萌蘖枝、生长不充实的营养枝及其副梢。

（2）结果母枝依生长势强弱适当短截。对于营养枝留10~12节短截；徒长性结果枝与健旺长果枝从结果部分以上留7~10芽，一般长果枝留5~7芽，中果枝留4~5芽，短果枝留2~3芽短剪；短缩果枝则不短剪，否则易枯死。

（3）选留预备枝　将营养枝或结果母枝留2~3芽短剪，徒长枝则留5~6芽短剪即可。

2. 夏季修剪

主要在5~8月份的旺盛生长期进行，其修剪量较冬季修剪小。一般一年进行2~3次，第一次在花后进行，第二次于6月中旬进行。主要工作为：

（1）抹芽。在芽刚萌动时进行，抹除位置不当或过密芽及主干、主蔓上萌发的无用潜伏芽。双生或三生芽一般只留1芽。

（2）疏梢。在能辩认花序时进行，首先疏除来年不需要的营养枝及位置不当的徒长枝，其次疏过于细弱结果枝、病虫枝、密生枝等。一般结果母枝上每10~15厘米留一新梢即可。疏梢宜早。一般在新梢20~30厘米时即要进行。

（3）短截。对于新梢开始卷曲和缠绕的部分及超过相应架面范围部分剪截去掉。在果实基本成形后（约7月上中旬），对长果枝在最后一个结果部位上面留1~2节短截。总之，以改善树冠内部光照为原则。

（4）摘心。在开花前5~10天至始花期，对旺盛果枝自花序以上6~7节处摘心；营养枝则从10~12节处摘心。摘心后在新梢顶端只得留一个副梢，其余全部抹除。对所保留的副梢每次留2~3片反复摘心。

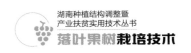
二、花果管理

猕猴桃成花率特别高，花序呈三花型，而且坐果率相当高，为此，必须注重疏蕾、疏花，才能提高标准果率。

（一）疏蕾

①疏蕾时间：花蕾长至黄豆大时开始。②疏除对象及方法：一是疏除少叶或无叶花蕾枝；二是疏除多余花蕾枝；三是疏除多余花枝上的全部花蕾，仅保留营养枝；四是疏除无叶花蕾；五是疏除枝背上花蕾；六是疏除边蕾。最后达到一个结果母枝上有 4~5 个结果枝，一个结果枝上有 3~5 个花蕾，取出强枝留 5 个，中庸枝留 4 个，弱枝留 3 个。

（二）疏花

指未疏过蕾的树必须疏花。疏花对象及方法：一是疏除少叶或无叶花枝；二是疏除多余花枝；三是疏除多余花枝上的全部花，仅保留营养枝；四是疏除无叶花；五是疏除枝背上花；六是疏除边花。最后达到一个结果母枝上保留 4~5 个结果枝，一个结果枝上保留 3~5 朵花，即强枝保留 5 朵，中庸枝保留 4 朵，弱枝保留 3 朵。

（三）人工授粉

必须按（5~8）：1 的比例配置授粉树，进行人工授粉，才能收取良好的效果，授粉树以花粉多、花期相同的雄株为宜。①采集雄花：早上露水干后采摘。②取花药：将采摘的雄花放在白纸上，用牙刷刷下花药，再用竹签捻去花药中的花丝。③爆粉：爆粉桶内挂放 40 瓦电灯泡，桶上面放垫板，板上放白纸，白纸上放花药，花药中放温度计，温度掌握在 22~25℃，至花粉爆出为止。④授粉：授粉时间为早上 8 点至下午 4 点。

（四）花期喷硼

在缺乏硼素的园地，在花期用 0.3% 的硼酸或硼砂，加 0.3% 的蔗糖进行喷雾，促使授粉受精良好。

（五）疏果

疏果时间：5 月中下旬（花后 1~2 周内）；方法：根据（4~6）：1 的叶

果比留果。先疏去小果，畸形果、病虫果和伤果。一个叶腋有 3 个果实，应当疏果，疏侧果。在一个结果枝上疏基部的果，留中、上部的果。短果枝留 1~2 个果，中果枝留 2~3 个果，长果枝留 3~5 个果。

第六节　主要病虫害防治

与其他果树相比，目前猕猴桃病虫害较少，生产上应以预防为主，药防为辅，维持其绿色食品生产。

一、主要病害及其防治

（一）炭疽病

此病既为害叶片，又为害茎和果实。被害叶片有灰褐色病斑，病斑中间穿孔破裂，病叶叶缘稍反卷；受侵染茎干上，出现周围褐色、中间有小黑点的病斑；受害果实呈水渍状，病斑圆形，褐色，最后果实腐烂。

防治方法：在萌芽抽梢时喷代森锌 800 倍液、多菌灵或托布津 1000 倍液，每 10 天喷 1 次，连续 2~3 次。

（二）黑斑病（黑星病）

叶片受害初在叶背面形成灰色状小霉斑，后逐渐扩大，呈暗灰色或黑色；果实则出现灰色或黑色大绒霉斑，然后霉层逐渐脱落，形成近圆形凹陷病斑，病部果肉形成圆锥形或陀螺状硬块。

防治方法：①冬季清园，春季萌芽前喷 3~5 波美度石硫合剂；②发病初期（4~5 月）及时剪除发病中心枝梢；③花芽膨大至谢花期喷 70% 甲基托布津 800~1000 倍液，连喷 4~5 次，每 15~20 天喷一次。

（三）溃病病

症状：花蕾期染病，在开花前变褐枯死，枯萎不能绽开，小数开放的花难结果，或会成为畸形果。叶片受害后，染病的新叶正面散生暗褐色，水渍状或多角形小斑点，病斑周围有淡黄色晕圈。枝干染病，常在春季伤流期渗出许多锈褐色小液点，严重时流赤褐色树液，皮层呈褐色坏死，枝干皱缩干枯，直至整株死亡。

图 2-8　溃疡病

防治方法：（1）加强检疫与隔离防控，避免病菌传染感病。（2）加强综合栽培管理，培养强健树势。（3）注重冬季清园，树冠喷药与树干涂白保护，注重防冻。（4）生长期药剂防治：①涂抹。伤流期结束后 1~2 个月的时间对于伤流点小和少的，不建议刮除病斑，扩大伤口，直接使用禾奇正加溃腐灵原液涂抹，用药范围大于病斑范围，3 天一次，连续 3~4 次。②高浓度涮干。对出现溃疡病的株体，使用禾奇正 150 倍液 + 溃腐灵 50 倍液 1~2 次，间隔 10 天。③灌根。使用禾奇正 400 倍液 + 青枯立克 200~300 倍液 + 根基宝 300 倍液 + 有机硅灌根 1~2 次，间隔 7~10 天，以灌透毛细根区为准。④喷雾。使用禾奇正 600~800 倍液 + 靓果安 300 倍液 + 大蒜油 1000 倍液 + 有机硅进行喷雾叶片 2 次，间隔 10 天。

（四）褐斑病

症状：主要为害叶片，也为害果实和枝干。发病部位多从叶缘开始，初期在叶边缘出现水渍状暗绿色小斑，后病斑顺叶缘扩展，形成不规则大褐斑。

防治方法：疏除病虫危害的枝条，消灭越冬的菌源。发病初期，应加强预测预报，及时防治。全园喷施 25% 金力士 6000 倍液 + 柔水 4000 倍混合液，可有效地控制病害流行。

（五）花腐病

症状：主要为害花，也为害叶片，重则造成大量落花和落果。发病初期，感病花蕾、萼片上出现褐色凹陷斑，随着病斑的扩展，病菌入侵到芽内部时，花瓣变为橘黄色，开放时呈褐色并开始腐烂，花很快脱落。

防治方法：合理整形修剪，改善通风透光条件，合理负载。发病严重的果园，萌芽前喷80~100倍波尔多液清园；萌芽至花前可选用80%金纳海水分散粒剂600~800倍液喷雾防治。

（六）根腐病

症状：初期根颈部皮层出现黄褐色块状斑，皮层软腐，韧皮部易脱落，内部组织变褐腐烂；当土壤湿度大时，病斑迅速扩大并向下蔓延导致整个根系腐烂，病部流出许多褐色汁液，木质部变为淡黄色。

防治方法：建园要因地制宜，选择土壤肥沃、排灌设备良好的田块建园；不要在土壤pH值大于8的地区建园；注重果园排水及土壤改良，保持疏松透气。防治上可选用代森锰锌或甲霜恶霉灵灌根处理。

二、主要虫害及其防治

（一）金龟子类

成虫在萌芽、开花期常群集蚕食嫩叶、花蕾和花朵，造成不规则缺刻和孔洞。被害果实在表面稍隆起，呈褐色疮痂状，被害处果肉变成浓绿色的硬斑。

防治方法：花前在植株周围撒施4%敌马粉剂或2%杀螟松粉剂（0.25千克/株），并翻耕土壤。开花前2~3天或花蕾期树冠喷药，可用50%硫磷乳剂2000倍液、25%西维因粉剂800~1000倍液。

（二）叶甲和叶蝉

叶甲类（栗厚缘叶甲、光叶甲等）主要以成虫取食狔猴桃叶片、叶柄及嫩梢的皮层；叶蝉类（桃一点斑叶蝉、小叶蝉等）则主要以若虫刺吸新梢嫩叶汁液。

防治方法：①结合清园，刮除卵块烧毁；②人工捕杀叶甲成虫；③4月下旬至6月上旬树冠喷洒2.5%溴氰菊酯2000倍液或40%水胺硫磷乳油800倍液。

（三）介壳虫类

以雌性成虫、若虫为害树体，附着在树干、枝蔓和叶片上，刺吸枝蔓叶的汁液。狭口炎盾介甚至为害果实。其为害严重时，在枝蔓表面形成凹凸不平的介壳层，削弱树势，甚者导致枝蔓或全树的死亡。

防治方法：在修剪时，剪掉群虫聚集的枝蔓。冬季刮除树干基部的老皮，涂上约 10 厘米宽的黏虫胶。防治上可选用 40% 安民乐乳油 400~500 倍液或阿维菌素。

（四）叶螨类

附着在芽、嫩梢、花、蕾、叶背和幼果上，用其刺吸式口器汲取植物的汁液。被害部呈现黄白色到灰白色失绿小斑点，严重时失绿斑连成片，最后焦枯脱落。

防治方法：常用的药剂有 0.4~0.5 波美度石硫合剂或 20% 螨死净 2000 倍液，5% 尼索朗乳油或可湿性粉剂 1500~3000 倍液、73% 克螨特乳油 2000~3000 倍液等。

（五）根结线虫

为害根部，受害根部肿大呈瘤状或根结状，每个根瘤有一至数个线虫。数个根瘤常常合并成一个大的根瘤物或呈节状，大的根瘤外表粗糙，其色泽与根相近，后期整个瘤状物和病根均变为褐色、腐烂，散入土中，整株萎蔫死亡。

防治方法：可选用 10% 克线丹，每亩用量为 3~5 千克，在树冠下全面沟施或深翻，深度为 5~50 厘米，为害严重的果园，每 3 个月施一次。

第七节　栽培管理月历

表 2-1　猕猴桃栽培管理月历表

月份	物候期	工作内容
1 月	休眠期	冬季修剪；搭架，整理棚架；施基肥，干旱灌水；深翻苗圃施底肥，浸泡沙藏种子；栽植防护林；冬季嫁接，移栽定植

续表

月份	物候期	工作内容
2 月	休眠期	嫁接，采接穗，移栽；苗圃整地，开始播种；硬枝扦插，喷 10 倍液松碱合剂防治介壳虫；清理排水沟
3 月	萌芽展叶期	追肥，上旬结束嫁接；播种；扦插；移栽定植
4 月	新梢生长与开花期	嫁接苗除萌、抹芽，播种苗、保湿与管理；翻埋冬季绿肥，播种夏季绿肥；疏花疏蕾与授粉；花后复剪。防治溃疡病、介壳虫、金龟子等病虫害
5 月	枝梢生长、开花坐果期	播种苗揭盖草、遮荫、保湿，移栽，嫁接苗抹芽、立支柱；嫩芽扦插，引缚新梢，摘心；疏花疏果，追施壮果肥；干旱灌水；压青；中耕除草，防治炭疽病、叶甲等病虫害
6 月	幼果及果实膨大期	播种苗保湿、间苗、移栽、治虫，疏果；继续抹芽摘心；单芽腹接，嫩枝劈接，中旬前结束嫩枝扦插；中耕除草；施壮果保梢肥，根外追肥；引缚结果母枝；防治金龟子、叶蝉等病虫害
7 月	果实发育期	中耕除草；树盘覆盖、灌水抗旱；摘心，绑枝；追肥；嫁接，移栽嫩枝扦插苗；防治病虫害，主要是介类、叶甲等
8 月	果实膨大及开始成熟期	中耕除草；灌水抗旱；摘心；秋季嫁接，移苗；防治叶甲等病虫害，嫩枝扦插苗遮阴
9 月	果实成熟期	移栽苗管理，当年生砧苗嫁接（芽接）；抗旱；防治蚧类，采前喷施杀菌剂；采早熟果，分级、包装、销售
10 月	果实成熟、开始落叶与花芽分化期	采后处理，果实销售与贮藏；施基肥，并追施人粪尿，浇水；栽植；播种冬季绿肥
11 月	落叶及花芽分化期	深翻改土，整修沟渠、圃地，治山整地，建园；树盘培土，树干涂白，防寒防冻；清洁果园，喷药防治越冬病虫害；苗木出圃，定植，施基肥；
12 月	休眠期	冬季修剪；施基肥；果园翻耕；干旱灌水；沙藏接穗与种子；治山整地，建园；继续冬季清园；全年工作总结

第三章
梨栽培技术

张 平 黄 佳

第一节　产业概况

我国是梨的重要起源地之一，是世界第一产梨大国。梨在我国水果产业位居第三，仅次于苹果和柑橘。梨种植范围较广，除海南省、港澳地区外，其余各省均有种植，在湖南省水果产业中稳居第二位。据《2017 中国农业年鉴》数据显示，2016 年湖南省梨栽培面积 3.6 万公顷，产量达到了 18.3 万吨。湖南省栽培的梨以砂梨为主。适栽品种有翠冠、绿宝石、初夏绿、清香、黄金、圆黄、黄冠、黄花、金秋、秋月等。梨产业持续健康、稳定有序、开拓创新的发展对湖南省水果产业的影响举足轻重。

第二节　主要栽培品种介绍

一、翠冠梨

平均单果重 260 克左右。果实扁圆形，果皮黄绿色，在南方地区种植果皮普遍出现果锈的现象，果肉雪白色，肉质细嫩、柔软多汁、化渣，石细胞极少，味浓甜，果心小，可食率高，品质极佳。7月中下旬成熟，果实耐贮性一般（图3-1，图3-2）。该品种要重视疏花疏果。

图3-1　未套袋的翠冠梨

图3-2　套袋的翠冠梨

二、圆黄梨

平均果重300克以上。果形扁圆，果面光滑平整，不套袋也几无果锈。肉质细腻多汁，几无石细胞，酥甜可口，并有奇特的香味。7月下旬至8月上旬成熟。果实耐贮性强。该品种既是优良的主栽品种又是很好的授粉品种（图3-3，图3-4）。

图3-3　未套袋的圆黄梨

图3-4　套袋的圆黄梨

三、黄金梨

平均单果重 300 克左右。果实扁圆形，不套袋果实的果皮黄绿色，储藏后变为金黄色；套袋果实的果皮金黄色，呈透明状。果肉白色，细嫩而多汁，酸甜适口，风味独特，石细胞少，果心小。8 月中下旬成熟。果实耐贮性强（图 3-5，图 3-6）。

图 3-5　未套袋的黄金梨

图 3-6　套袋的黄金梨

四、金秋梨

平均单果重 350 克左右。果实扁圆形（也有圆锥形），果面光滑，外观金黄。果心小，可食率高。肉质白、脆、嫩、细、汁多味甜。8 月下旬至 9 月上中旬成熟。果实耐贮性强（图 3-7，图 3-8）。

图 3-7　未套袋的金秋梨

图 3-8　套袋的金秋梨

第三节　生物学特性及对环境条件的要求

一、生物学特性

（一）生长习性

梨属深根性树种，干性强，层性明显。枝条早期生长一般较直立，以后随着枝条生长加快和抽枝增多以及产量增加，树冠逐渐开张。一般定植后3~4年开始结果，5~6年进入盛果期。经济结果寿命一般在50年以上，而树龄则更长。

（二）结果习性

梨树的花芽分化于当年10月份完成形态分化，次年开春后，花芽分化继续进行，直到开花前。一般始花在3月底至4月初，花期10~15天。

梨属异花授粉果树，自花结实率很低，甚至不能结果，所以在生产上必须配置授粉树。梨花维持授粉受精能力的时间一般为5天左右。梨坐果率高，在正常管理情况下，只要授粉受精良好，一般均能达到丰产目的。

二、对环境条件的要求

（一）温度

湖南的砂梨品种，一般要求年平均温度在15℃以上，4~10月的生长期均温15.8~26.3℃，11月至翌年3月休眠期均温5~17℃。无霜期要求在250天左右。

（二）湿度

砂梨是耐湿性较强的果树，一般要求在年降雨量1000毫米以上地区种植。梨生长期要求有足量均衡的水分供应，尤其是果实迅速膨大期。但果实膨大期雨量过大或连绵阴雨，使土壤持水量长时期处于饱和或近饱和状态，就会严重影响树体对营养的吸收、运转，阻碍根系生长，导致树势衰弱，或大量裂果发生。

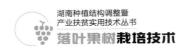

（三）光照

光照对改善梨树体营养，提高梨果的光洁度，增进品质，具有显著的作用。生产上主要通过对幼年树的早期整形和成年树的合理修剪来提高和改善光照水平。先培养好主枝骨架，投产后以调节好叶果比为重点，适量更新枝组，控制徒长，以改善树体的通风透光条件。

（四）风

梨与其他果树相比，抗风性能差。原因是梨果柄长、细，果实大又重。一般6级以上大风，就会对梨树造成严重的破坏性落果。但花期的微风有利于授粉受精。

（五）土壤

梨对土壤要求不严。无论黏土、壤土、砂土均能适应。但梨树属生理耐旱性弱的树种，故建园时，最好选择土层深厚，疏松肥沃、透水保肥性能较好的砂质壤土栽培。梨树对土壤酸碱度要求也不严，一般 pH 值在 5.5~8.5，均可良好生长，但品种间有差异。从满足梨树对肥水需求的角度考虑，在平地种梨比丘陵山地更具生产优势。

第四节　建　　园

一、园地选择

梨适应性强，砂土、壤土、黏土均可栽培，但以立地条件好、土层深厚、疏松、肥沃、雨量充沛、光照充足、排水和保水性能较好的砂壤土或壤土为宜。

二、苗木选择

苗木质量好坏直接影响栽植成活率，栽植后根系恢复的快慢及抽枝状况，对结果早晚、树势强弱、产量高低、寿命长短都有一定的影响。

必须选用优质健壮苗，其标准：①苗木壮实：茎高 1 米以上，嫁接口以上 10 厘米处的直径 1 厘米以上；②根系发达：侧根数 4 条以上，长 20 厘米以上，分布均匀，不偏于一方，舒展，不卷曲，有较多须根；③具有 7 个以上健壮芽；④砧桩剪除处愈合良好，无机械损伤。

三、栽植

苗木栽植以秋季为好。秋季栽植的苗木，根系易恢复，苗木栽植成活率高，来年春季发芽早，生长量大。

栽植密度可根据立地条件、管理水平而定。在湖南地区一般株行距为 3 米×3 米或 3 米×4 米，也可试用矮化密植 1 米×3 米的株行距。

大部分梨品种自花不育，应合理配置授粉树。主栽品种（O）：授粉树（X）=8：1，注意授粉树在园内均匀分布（图 3-9）。

丘陵坡地宜等高开梯，以便保持水土，涵养水源。梯面宽应达 3 米，之后在梯中央按 1 米宽、0.8~1 米深挖壕，平地按行距挖壕。挖壕时，不要打乱土层，表土放一边，心土放在一边，回填时注意将挖出的土回填到

O	O	O	O	O	O
O	X	O	O	X	O
O	O	O	O	O	O
O	O	O	O	O	O
O	X	O	O	X	O
O	O	O	O	O	O

图 3-9　梨园授粉树"X"配置位置

80% 时就灌水沉实，水渗下之后再整理，且肥沃表土应填在根际分布范围内。每株需要施 15~25 千克农家土杂肥和 2.5 千克过磷酸钙，栽树时把表土和肥料按 3：1 的比例混匀填在树苗根系附近。定植时要求浅栽（埋土高度不超过嫁接口）踩实，苗正根伸，浇透水。

四、苗木分期管理

苗木定植后，要加强逐年管理，才能实现早期丰产。各年管理达到的目标：

第一年，苗全苗壮。为了达到这一目标，除栽植苗数外，还需多备10%～15%的苗，假植到行间或空地，有利于在当年秋天或翌年春天补齐因人为或其他原因造成的缺苗、弱苗。同时，还要做好间作、除草、根外追肥、防病灭虫等工作。

第二年，促枝扩冠。整形修剪，摘心促分枝，拉枝调整树形等，并做好间作、除草、根外追肥、防病灭虫、施基肥等田间管理。

第三年，成花见果。在做好整形修剪、追肥、间作、中耕除草、根外追肥和秋施基肥、防病灭虫等综合管理的基础上，重点做好"刻""拉""扭"促成花芽的分化。

第四年，优质丰产。在综合管理的基础上，做好人工授粉、疏花疏果，及时防治病虫等措施。在盛花初期进行人工授粉，并争取在开花3天以内完成。花和果实的发育需要消耗大量的有机营养，如果花量过多，消耗营养多，必然抑制新梢和根系生长，也影响当年的养分积累；如果幼果消耗营养过多，新梢生长将明显下降，也不利于花芽分化。所以疏花疏果，严格控制负载量可以节省养分，并使落花、落果大大减轻，克服大小年，增大果个，提高品质，增加产量，提高经济效益，并对病虫害做好预测预报，及时防治。

第五节　土肥水管理

一、土壤管理

苗木栽植成活后，要加强田间管理，适时除草、松土、培土，防止土壤板结。秋冬季应进行深翻，促进土壤熟化，尤其退耕还林的山地果园，土层较瘠薄，必须加强此项工作。

二、肥水管理

肥水管理是提高梨果产量和质量的关键。

（一）秋施基肥

每年在梨果采收后尽早施入基肥，以腐熟的有机肥为主，搭配氮磷钾复合肥。开深沟埋施，既可疏松土壤、增加土壤肥力、增强树势，又可提高第二年梨树产量和质量。

尽早施基肥的原因：

1. 梨树根系生长规律

1年有两次生长高峰期，一次是在春季的3~5月，第二次是在秋季的9~11月。基肥在采收后施入，正好迎来梨树秋根的生长高峰，可以促发大量新的吸收根，增加贮藏营养水平，提高花芽质量和枝芽充实度，提高抗寒能力。

2. 秋季根系吸肥早

更重要的是，秋天生的根比春天生的根活动要早，吸肥也早，能促进根系的春季生长高峰，从而对萌芽、展叶、开花、坐果及幼果生长都十分有利。

3. 肥效

秋施基肥，经过冬春充分腐熟分解，肥效能在梨树养分最紧张的时期（也就是4~5月份梨树的营养临界期）充分发挥作用。

（二）根际追肥

在基肥基础上进行的分期供肥措施。梨树需肥高峰期与梨树各器官生长高峰期是一致的，可分为萌芽肥、亮叶肥和果实膨大肥。

1. 萌芽肥

梨树的萌芽、展叶、开花时间很集中。若此时期缺氮，会造成大量落花落果，花而不实一场空。所以，要在早春萌芽前2周追肥，施以氮肥为主的复合肥，并浇透水，使之迅速发挥肥效。

2. 亮叶肥

梨树幼叶展开时是淡黄绿色，进入5月中下旬转为深绿色，风吹叶转闪光发亮，称为"亮叶期"，主要施尿素、钙镁磷肥和硫酸钾。

3.果实膨大肥

果实进入生长高峰期后，是决定果实大小的关键时期。此时，也是枝叶丰满，全年光合功能高峰期。施有机肥、过磷酸钙和硫酸钾，可促使根系和新梢生长，扩大叶面积，并使幼果迅速增大。

4.磷肥、钾肥

磷肥可以在基肥或者萌芽肥中一次性施入，钾肥只在亮叶肥和果实膨大肥时施入。少量多次、多点穴施效果更好。每年要变换施肥的位置。

（三）叶面追肥

1.锌

缺锌易造成小叶病，对于缺锌的梨树，在发芽前根外喷施 4%~5% 硫酸锌液，发芽后叶面喷施 0.3%~0.5% 的硫酸锌液。

2.硼

硼是梨花需要较多的微量元素。在始花期和谢花后叶面各喷 1 次浓度为 0.2%~0.3% 的硼酸溶液，能促进花粉吸收糖分，活化代谢过程，可以刺激花粉发芽，受精胚胎发育成果实，提高果实的维生素 C 和糖分含量。在严重缺硼时，用硼砂或硼酸 5 千克/亩与农家肥混合拌匀开沟埋施，能够防止果肉木栓化和提高果实品质。

3.磷、钾

同时每隔 15~20 天叶面喷 1 次 0.3% 磷酸二氢钾液，连用 3 次，既可减少病虫害发生，还能促进果实迅速生长，增加果实糖分和甜度。

第六节　主要病虫害防治

一、主要病害及其防治

（一）黑星病

异名：梨疮痂病、梨雾病、梨斑病。

简介：梨黑星病在南方梨区发病较重。该病是梨树主要病害，常造成生产上的重大损失。梨黑星病发病后，引起梨树早期大量落叶，幼果被害呈畸形，不能正常膨大，且病树第 2 年结果减少。

为害症状：能为害所有幼嫩的绿色组织，以果实和叶片为主。果实发病，病部稍凹陷，木栓化，坚硬并龟裂，内长黑霉。幼果受害为畸形果，成长期果实发病不畸形，但有木栓化的黑星斑。叶片受害，沿叶脉扩展形成黑霉斑，严重时，整个叶片布满黑色霉层。

发病规律：梨黑星病菌以菌丝体或分生孢子在芽鳞片内越冬，也可以以菌丝团或子囊壳在落叶上越冬。18~25℃的温度和多雨多雾天气是病害流行的重要条件，30℃以上停止发病。病菌孢子侵染要求有至少 1 次 5 毫米以上的降雨，连续 48 小时以上的阴雨天。在春季雨水多而早，夏季阴雨连绵的年份，往往病害大流行。整个生长季节可多次侵染多次发病。

防治方法：①冬季清园，铲除病源。及时清扫落叶，剪除病虫枝，收集病果烧毁或深埋。发芽前喷 3~5 波美度石硫合剂。②加强栽培管理。在树冠郁闭、杂草丛生、田间湿度大的梨园极易发生黑星病。搞好整形修剪，以改善树体通风、透光条件。同时增施有机肥，补充中微量元素，增强叶片的抗病性。③药剂防治。花谢 70%（4月上中旬）是黑星病为害嫩梢、幼果、新叶高峰期，该期叶片较嫩，应选择安全有效药剂，使用拿敌稳（75% 肟菌·戊唑醇水分散粒剂）3000 倍液，或易保（6.25% 噁唑菌酮 +62.5% 代森锰锌）500~800 倍液。

（二）梨锈病
异名：梨赤星病、梨羊胡子。
简介：梨锈病发生普遍，是梨树重要病害，严重年份个别梨园梨树感病品种的病叶率在 60% 以上。

为害症状：主要为害叶片、新梢、幼果和果梗。受害叶片正面长有黑色斑点，背面隆起长出丛生的黄褐色毛状物。新梢受害后病部呈橙色，膨大成纺锤状，后期凹陷龟裂易断。幼果多在萼洼处产生圆形黄色斑点，后期变为褐色斑块，受害严重的导致果实产量及品质下降（图3-10、图3-11）。

发病规律：病菌以冬孢子角在桧柏上越冬。次年3月，冬孢子角吸水后膨胀成黄色胶块，并散出担孢子借风力传播到梨树的新梢、嫩叶和幼果上为害，产生性孢子器和锈子腔，但不再侵染梨树，5、6月间再借风力传播到松柏科树木上完成其生活史。

防治方法：①在梨园5000米内不种植松柏科树木，中断转主寄主。②若梨园附近有桧柏，则在2月下旬至3月上旬在桧柏上喷2~3波美度石硫合剂或五氯酚钠350倍液，杀灭越冬后的冬孢子和担子孢子。③梨园有锈病时，分别在梨展叶开始至开花前、谢花末期、幼果期喷药保护。可喷1:3:（200~240）倍波尔多液，或代森锰锌（易保500~800倍液、大生M-45 800倍液或其他品牌）。④注意：梨园没有锈病时，可在开花前防治1次，防治药剂参考第③点。开花期不能喷药，以免产生药害。

图3-10　梨叶背面锈病发病状　　　图3-11　梨叶柄锈病发病状

（三）梨轮纹病

异名：梨轮纹褐腐病、梨粗皮病、梨瘤皮病、梨水烂。

简介：梨轮纹病分布广泛，发生普遍。

为害症状：主要为害枝干、叶片和果实。枝干发病，病斑呈圆形或扁圆形，中心隆起，呈疣状，病斑四周隆起，病健交界处发生裂缝，病斑边缘翘起如马鞍状。数个病斑连在一起，形成不规则大斑。果实发病多在近成熟期和贮藏期，初以皮孔为中心形成褐色水渍状斑，渐扩大，呈暗红褐色至浅褐色，具清晰的同心轮纹。病果易腐烂，失水成为黑色僵果。叶片发病，形成近圆形或不规则褐色病斑，有轮纹，叶片上发生多个病斑时，病叶往往干枯脱落（图 3-12、图 3-13）。

图 3-12　梨轮纹病为害叶片症状　　图 3-13　梨轮纹病为害果实症状

发病规律：枝干病斑中越冬的病菌（分生孢子）是主要侵染源。病菌借雨水传播，从枝干的皮孔、气孔及伤口处侵入。分生孢子在 4 月间随风雨大量散出，梅雨季节达最高峰。分生孢子从侵入到发病约 15 天，老病斑处的菌丝可存活 4~5 年，4 月初新病斑开始扩展，5~6 月扩展活动旺盛。

防治方法：①加强栽培管理，轮纹病是弱寄菌，树体衰弱则发病严重，树体健壮则发病轻。②冬季认真做好清园工作，2 月下旬至 3 月上旬喷 2~3 波美度石硫合剂。③有轮纹病发生的梨园，在谢花后，结合其他病虫害，喷施代森锰锌（易保 500~800 倍液、大生 M-45 800 倍液或其他类似农药）。

（四）梨树腐烂病

异名：梨树臭皮病。

简介：梨树腐烂病常引起大枝、整株甚至成片梨树的死亡，对生产影响很大。全国各地均有发生。

为害症状：梨树腐烂病主要发生在七八年生以上的盛果期梨树上。主要为害主干、主枝及侧枝上的向阳面及枝杈处。一般树皮表层腐烂，形成层不致被害，发病后期病部会凹陷、干缩，病健部出现龟裂，表面布满黑色小点。

发病规律：土质为泡砂土的梨园，一般发病较重，青砂土的梨园发病较轻。七八年以上的结果树及老树发病较重；结果盛期管理不好，水肥不足的易发病。病斑以在第一次及第二次分枝的粗干上发生为多，主干及小枝则较少受害。病斑多数在枝干向阳的一面，树干分叉的地方也是容易发病的部位。种与品种间存在着抗病性的差异，如西洋梨发病较重，中国梨和日本梨很少发病，用棠梨作砧木的梨树较少发病。

防治方法：①加强栽培管理，增强树势，提高树体抗病力；彻底清除树上病枯枝及修剪下的树枝，带出园外烧毁。②6~8月用锋利刮刀将树干病皮表层刮去，到露出白绿色健皮为止，在刮除主干、主枝上病组织及粗皮基础上，喷具渗透性、残效期长的杀菌剂。③入冬前刮净的腐烂病皮部，喷施石硫合剂后，涂上白涂剂。

（五）梨黑斑病

简介：梨黑斑病在各地分布普遍。发病后引起大量裂果和早期落果，造成很大损失。

为害症状：主要为害果实、叶和新梢。一般幼叶先发病、褐至黑褐色圆形斑点，后病斑中心灰白至灰褐色，边缘黑褐色，有时有轮纹。天气潮湿时，病斑表面产生黑色霉层。果实受害，果面出现一至数个黑色斑点，渐扩大，颜色变浅，形成浅褐至灰褐色圆形病斑，略凹陷。新梢发病，病斑圆形或椭圆形、纺锤形、淡褐色或黑褐色、略凹陷、易折断。

发病规律：病菌以分生孢子和菌丝体在被害枝梢、病叶、病果和落于地面的病残体上越冬。第二年春季产生分生孢子后借风雨传播，从气孔、皮孔和直接侵入寄主组织引起初侵染。初侵染发病后病菌可在田间引起再侵染。一般4月下旬开始发病，嫩叶极易受害。6~7月如遇多雨，更易流行。地势低洼、偏施化肥或肥料不足，修剪不合理，树势衰弱以及梨网蝽、蚜虫猖獗等不利因素均可加重该病的流行危害。

防治方法：①加强栽培管理，增强树势，提高树体抗病力。②冬季清园，彻底清除树上病枯枝及修剪下的树枝，带出园外烧毁，在萌芽前喷施3~4波美度的石硫合剂。③化学防治：关键从谢花2/3后，及时喷杀菌剂可有效控制病害发生；药剂可选用代森锰锌（易保500~800倍液、大生M-45 800倍液或其他类似农药）。

二、主要虫害及其防治

（一）梨小食心虫

异名：梨小蛀果蛾、梨姬食心虫、桃折梢虫，简称"梨小"。

简介：梨小食心虫鳞翅目卷蛾科，为害梨、桃、梅、杏等。国内分布面广，较常见。

为害症状：春夏季发生的幼虫主要蛀食嫩梢，受害后嫩梢枯萎下垂，俗称"折梢"，每个幼虫可为害3~4根嫩梢。夏秋季幼虫蛀食梨果，被害果的梗洼、萼洼和果与果叶相贴处有小蛀孔，蛀孔比果点小，呈圆形小点，稍凹陷，孔外有较细虫粪，周围变黑，幼虫老熟后从果内脱出，果面有较大的脱果孔，虫蛀果易腐烂脱落。

发病规律：在长沙，梨小食心虫一般在3月底开始羽化，第一代幼虫主要为害梨芽、新梢、嫩叶、叶柄，极少数为害果。第二代幼虫为害果增多，第三代果为害最重，第三代卵发生期7月中旬至8月上旬。在桃、梨兼植的果园，梨小第一代、第二代主要为害桃梢，第三代以后才转移到梨园为害。

防治方法：①避免桃梨混栽，结合冬季清园，刮除树上粗皮、裂皮，扫除落叶，摘除虫果并予以集中烧毁。②生物防治：以梨小食心虫诱芯为监测手段，在蛾子发生高峰后1~2天，人工释放松毛赤眼蜂。③诱杀防治：利用成虫的趋光性和趋化性，采用黑光灯或诱集剂（糖醋液或5%的糖水＋0.1%黄樟油）进行诱杀，或采用性诱剂＋粘虫板诱杀。

（二）梨茎蜂

异名：梨梢茎蜂、梨茎锯蜂、截芽虫。

简介：梨茎蜂为膜翅目茎蜂科，南方主要为害梨树。梨树春梢期的重要虫害，尤其对幼龄树造成的危害最大，直接影响树冠扩大和树体的整形。我国梨产区均有分布。

为害症状：新梢生长至6~7厘米时，上部被成虫折断，下部留2~3厘米短橛。在折断的梢下部有一黑色伤痕，内有卵一粒。幼虫在短橛内食害。

发病规律：一年发生1代，老熟幼虫在被害枝橛下二年生小枝内越冬。翌年2月中下旬化蛹，梨树花期时成虫羽化。当新梢长至5~8厘米，即4月上中旬开始产卵。成虫产卵为害期很短，前后仅10天左右，卵期1周。幼虫孵化后向下蛀食，受害嫩枝渐变黑干枯，内充满虫粪。5月下旬以后蛀入二年生小枝继续取食，幼虫则调转身体，头部向上作膜状薄茧进入休眠，10月份以后越冬。

防治方法：①结合冬季修剪，剪除被害枝梢。②发生重的梨园，在成虫发生期，利用其假死性及早晚在叶背静伏的特征，在早晚振树使成虫落地，捕捉后集中杀死。③悬挂黄板，利用梨茎蜂对黄色的趋性，诱杀成虫。④在新梢长至5厘米左右，即成虫交尾产卵期及时喷药，可有效防治梨茎蜂为害，常用药剂有毒死蜱、阿维菌素或菊酯类。

（三）梨瘿蚊

异名：梨芽蛆。

简介：梨瘿蚊为双翅目瘿蚊科，在中国主要梨区均有发生。

为害症状：以幼虫为害梨芽和嫩叶。芽、叶被害后出现黄色斑点，不久，叶面出现凹凸不平的疙瘩，受害严重的叶片纵卷，内有白色或红色的蛆状幼虫，卷叶会提早脱落（图3-14）。

发病规律：每年发生2~3代，成虫在长沙的出土时间为3月中旬，交尾后将卵产于梨树春梢端部叶尖和两侧叶缘处，5~6天后，幼虫孵化（图3-15）。低龄幼虫取食叶表汁液，不潜入叶内，被害叶片纵卷，最后变黑枯落后，老熟幼虫入土作茧化蛹，4月中下旬为化蛹盛期。5月中旬下旬，第2代成虫羽化出土，在夏梢嫩叶上产卵。

图 3-14　梨瘿蚊为害梨叶症状

图 3-15　梨瘿蚊幼虫

防治方法：结合冬季施肥和清园，于初冬霜冻来临前将树冠下的表土深翻 10~15 厘米，以冻死越冬幼虫。在第一代、第二代成虫产卵盛期，进行树冠喷药，并可兼治其他叶部害虫。防治适期为 4 月上中旬、5 月上中旬，药剂可选用菊酯类或吡虫啉、噻虫嗪、阿维菌素、毒死蜱。在农药中复配矿物油（百农乐）作为助剂，可适当降低农药的使用浓度。

（四）梨网蝽

异名：梨花网蝽、梨冠网蝽、梨军配虫，俗名花编虫。

简介：梨网蝽为半翅目网蝽科，南方主要为害梨、桃等。为我国梨树的重要虫害，分布广，食性杂。以中部地区和管理粗放的山地果园为害尤为严重。在发生的果园中，一般密度均相当高。

为害症状：成虫、若虫在叶背吸食汁液，被害叶正面形成苍白点，叶片背面有褐色斑点状虫粪及分泌物，使整个叶背呈锈黄色，严重时被害叶早落（图 3-16）。

发病规律：以成虫在枯枝落叶、翘皮缝、杂草及土石缝中越冬。翌年梨树展叶时成虫开始活动，世代重叠。10 月中旬后成虫陆续寻找适宜场所越冬。产卵在叶背叶脉两侧

图 3-16　梨网蝽为害梨叶症状

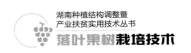

的组织内。卵上附有黄褐色胶状物，卵期约 15 天。若虫孵出后群集在叶背主脉两侧为害。

防治方法：①9 月份在木本植物树干绑草诱集越冬成虫；冬期彻底清除杂草、落叶，集中烧毁，可大大压低虫源，减轻来年为害。②利用、保护天敌，已知天敌有军配盲蝽、瓢虫等。③一代若虫孵化盛期及越冬成虫出蛰后及时喷药。药剂可以是吡虫啉、噻虫嗪或啶虫脒＋菊酯类复配。

第七节　栽培管理月历

表 3-1　梨栽培管理月历表

物候期	主要病虫害	防治药剂、肥料种类	农事活动
11～12 月（落叶期）	刺蛾、树皮越冬害虫	石硫合剂	（1）结合冬剪清扫梨园的枯枝、落叶及各种杂草，并集中烧毁或深埋；（2）树干涂白；（3）检查主干是否有虫洞。若有，用药泥封堵灭杀天牛幼虫，并在根系周围浇高浓度的噻虫嗪
1～2 月（休眠期）	越冬虫卵和病菌	石硫合剂；萌芽肥：氮肥为主的复合肥，2.5 千克/株	（1）喷雾 5 波美度石硫合剂；（2）施萌芽肥

续表 1

物候期	主要病虫害	防治药剂、肥料种类	农事活动
3 月 （萌芽至 开花前）	梨茎蜂、食心虫、蚜虫、梨木虱、梨花蕾蛆、叶螨； 黑星病、轮纹病、黑斑病	物理防治：挂黄板、黑光灯、糖醋液（红糖 1 份，醋 2 份，白酒 0.4 份，美曲磷酯 0.1 份，水 10 份）； 生物防治：释放赤眼蜂防治梨小食心虫； 化学防治：杀虫剂，如阿维菌素（对虫通杀）；矿物油（活动量不大的虫）；噻虫嗪、吡虫啉（刺吸式口器：蚜虫、木虱、叶蝉等）； 杀真菌：代森锰锌；咪鲜胺；嘧菌酯/醚菌酯/吡唑醚菌酯 + 苯醚甲环唑	雨后天晴立即用药。 注意：（1）释放赤眼蜂后，要注意杀虫剂的使用； （2）每次用药要交替使用，否则病虫害容易产生抗性
4 月 （开花至 谢花）	梨木虱、梨网蝽、食心虫、梨花蕾蛆、叶螨、蚜虫； 黑星病、轮纹病、黑斑病、锈病	防治方法同上；另加毒死蜱/辛硫磷颗粒； 叶面肥：喷 1 次 0.3% 磷酸二氢钾 +0.3% 的硫酸锌的混合液；始花期和谢花后喷 0.2%~0.3% 的硼酸溶液	（1）4 月上旬用毒死蜱/辛硫磷颗粒满园撒施，可防梨瘿蚊和食心虫出土，并可毒死潜入树干的天牛幼虫； （2）施叶面肥

续表 2

物候期	主要病虫害	防治药剂、肥料种类	农事活动
5 月 （花谢至 套袋）	梨木虱、梨网蝽、食心虫、叶螨、蚜虫、粉蚧、红蜘蛛； 黑星病、轮纹病、黑斑病、锈病、炭疽病	防治参考 3 月； 亮叶肥：尿素、钙镁磷肥和硫酸钾； 每株施尿素 0.25 千克，钙镁磷肥 0.5 千克，硫酸钾 0.5 千克	（1）套袋前一定要喷药一次（杀虫：1% 吡虫啉可湿性粉剂 2000 倍液；杀菌：80% 代森锰锌可湿性粉剂 800 倍液），药干后即可套袋； （2）施亮叶肥
6 月 （长梢停长至幼果膨大）	参考 5 月	防治参考 3 月； 叶面肥：喷 1 次 0.3% 磷酸二氢钾液	（1）根据病虫害发生情况安排打药； （2）施叶面肥
7 月 （花芽分化期、幼果膨大期）	参考 5 月	防治参考 3 月； 果实膨大肥：有机肥、钙镁磷肥、硫酸钾。每株施有机肥 10 千克，钙镁磷肥 0.5 千克，硫酸钾 0.5 千克	（1）夏季整形修剪； （2）施果实膨大肥； （3）根据病虫害发生情况安排打药； （4）根据降雨情况考虑浇水灌溉
8～9 月 （采果期）	参考 5 月	防治参考 3 月	（1）根据病虫害发生情况安排打药； （2）根据降雨情况考虑浇水灌溉
10 月 （采后保叶养分积累）	参考 5 月	防治参考 3 月； 基肥：以腐熟的有机肥为主，搭配氮磷钾复合肥。每株施有机肥 10 千克以上，复合肥 2.5 千克	采果后尽早施用基肥，为休眠期和来年开花结果储备养分。同时，可防止提前落叶后出现"二次花二次果"的现象

第四章
桃栽培技术

王仁才

　　桃是深受广大人民喜爱的水果之一。除含有多种维生素和果酸以及钙、磷等无机盐外，还含有丰富的铁、钾等营养元素。其含铁量为苹果和梨的4~6倍，是缺铁性贫血病人的理想辅助食物，其含钾多，含钠少，适合水肿病人食用。桃除鲜食外，还可制作糖水罐头、桃酱、桃汁、桃干等多种加工制品。桃树具有早结果、早丰产、早收益等特点。其适应性强耐旱、耐贫瘠，在平地、山地、沙地均可栽培，而且易栽培管理，开始结果早，早期收益高，易获丰产，即使粗放管理也有一定的收成，是一种速生、丰产高效栽培的水果。近年来，随着南方丘陵山区的产业扶贫政策的实施、城市周边观光果园的建设以及农村种植结构的调整，桃树生产得到迅速发展。据2017年不完全统计，湖南省桃树种植面积约2.09万公顷，产量达到11.8万吨，在湖南省水果产业中居第3位，仅次于柑橘和梨。

第一节　主要栽培品种

　　目前，湖南桃的主栽品种以水蜜桃和黄桃系列为主体，同时油桃、蟠桃等桃品种也得到不同规模发展。

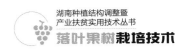
一、水蜜桃

（一）春艳

该品种果实较大，平均单果重 85.9 克，最大果重 142 克；果实正圆形，果顶圆；果皮底色乳白至乳黄，色彩鲜红；果肉乳白，肉质软溶，汁多味甜，香气浓，可溶性固形物含量 11.8%；黏核，核小，品质上等；不裂果；果实成熟期为 6 月下旬。

（二）春蜜

3 月 2 日左右盛花，5 月中旬成熟，果实发育期 75 天，果实近圆，单果重 135 克，成熟后全面着鲜红或紫红色，果肉白色，风味甜，可溶性固形物含量 11%。肉质硬，留树时间长。黏核。花大，自花结实，丰产。

（三）春美

3 月 2 日左右盛花，5 月 25 日左右成熟，果实生育期 83 天，果实圆形，平均单果重 150 克，成熟后整个果面着鲜红色，硬肉、果肉白色，风味浓甜，可溶性固形物含量 12%。肉质脆，留树时间长，耐贮运，留树时间长，可从容销售，可生产优质高档果，宜大面积发展。生产上应注意疏果，不宜提前采收。

（四）春雪

3 月 2 日左右盛花，5 月中下旬成熟，果实生育期 78 天，果实圆形，果顶尖圆，平均单果重 90 克。颜色全红鲜艳、内膛遮阴果也着全红色。果皮不易剥离。果肉白色，肉质硬脆，纤维少，风味甜、香气浓，黏核。可溶性固形物含量 10%，品质上。在树上长时间不落果，可分次选大小一致的果实采收。

（五）霞脆

3 月 17 日左右盛花，6 月下旬成熟，果实生育期 95 天。属耐贮运桃品种。果实近圆形，平均单果重 165 克；果皮底色乳黄色，果面着红色；果肉白色，肉质硬脆，汁液中多；风味甜，可溶性固形物含量 11%，黏核。

（六）早甜

美国加州引入，含糖量14.5%。口感脆、甜、爽。果实发育期55~60天，属早熟甜桃新品种。平均单果重210克，最大单果300克。果实长圆或圆形，初熟时鲜红色，后期变成紫红色。极易着色，即使在树膛内部也能全红。果肉白色，完熟后肉质有红丝。口感脆、甜、爽。果肉属硬溶质，特硬，特耐贮运，采收后常温下可贮放7~10天。

（七）鹰嘴桃

广东省河源市连平县特产。鹰嘴桃果形美观端正，近椭圆形，大小适中，一般单果重100~150克；果顶似鹰嘴，果柄凹陷，缝合线浅，两半较对称；果皮色泽鲜亮，呈淡青色；果肉白色、近核部分带红色，不离核。果品肉质爽脆、味甜如蜜。果实可溶性固形物含量≥13.0%，可滴定酸度≤0.30%。7月上旬成熟，果色变黄白或向阳面出现红晕时分批采收（图4-1）。

图4-1　鹰嘴桃

（八）新川中岛

引自日本，果实圆形至椭圆形，果顶平，平均单果重290克，最大单果重460克，果肉黄白色，半黏核，着色全红艳丽，果面光洁，果肉硬度大，贮运性极好，品质特优，果实7月底成熟，为早晚熟品种之间的大果型全红高档优质桃。

（九）安农水蜜桃

果实大，单果平均重245克，最大单果重558克，果实长圆形，全面着生美丽红霞，可溶性固形物13%，肉质细嫩，汁液多，味香甜，6月中旬成熟，是大棚栽培的良好品种。建园需配其他早熟桃2~3个品种作为授粉树。

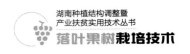
（十）雨宫白凤

日本引进品种硬溶质，肉质细脆、多汁，风味甘甜、浓香。品质上等，耐贮运，耐贫瘠耐旱，长中短枝均能结果。果实 8 月上旬成熟，果肉金黄，口感纯甜，果面全红，套袋里外金黄色，黏核，单果重 350 克左右，可溶性固形物含量 17%~21%，品质极上，自花结实，极丰产，成熟后挂树月余不软。黄金蜜桃个大，汁多，色泽好。

（十一）观音仙桃

该品种既保留了脆蜜桃脆、甜、耐贮运的特点，又是解决了脆蜜桃皮青、个小的缺点，且成熟期早一个月。果实圆形，单果重 220 克左右，最大果重 460 克。成熟时果面深红色，缝合线较为明显，可溶性固形物含量 15.5%~17.2%，硬溶质、黏核，风味脆而浓甜。7 月中旬成熟。熟后挂果贮藏 28 天不落不软，是销售期最长的桃品种之一。

二、黄桃

（一）锦绣黄桃

锦绣黄桃原产于上海光明镇，外观漂亮，肉色金黄，果形整齐匀称，软中带硬，甜多酸少，有香气，水分中等，风味诱人。成熟时间一般在 8 月中下旬，是秋季水果市场上的佳品。外观漂亮，肉色金黄，果形整齐匀称，最大

图 4-2　锦绣黄桃

果重 700 克左右，核小。成熟后肉质较软，食时软中带硬，甜多酸少，有香气，水分中等，风味诱人（图 4-2）。

（二）锦圆黄桃

枝阳面绿色，有光泽，叶呈长椭圆披针形。以中果枝结果为优。平均单果重 206 克，最大果重 270 克，果实近圆，较对称，果顶圆平，缝合线较明

显，果皮黄色。套袋后果表金黄色，果皮薄，易剥离，果肉黄色。果肉着红色程度少，汁液多，肉质松软到致密，黏核。果实采收期主要为 8 月 5～15 日，果实生育期为 125 天左右。

（三）锦香黄桃

锦香黄桃果实近圆或椭圆形，单果平均重 180～206 克，最大果重 246 克，果顶圆平，果实两半匀称，果面底色金黄，色卡 6 级，近核无红色，果肉黄色，硬溶质，风味甜，微酸，汁液中等，香气浓。黏核，核椭圆形，核面粗糙。早熟 7 月上旬即可采收，产量中等。

三、油桃

（一）紫金红 1 号

紫金红 1 号早熟油桃品种，2 月 25 日左右盛花，5 中旬成熟，果实生育期 82 天；果实圆形，果面 80%～100% 着红色；单果重 84 克，果肉黄色，硬溶质，风味甜，可溶性固形物含量 10.5%，黏核，早果，丰产。

（二）曙光油桃

曙光油桃果实近圆形，平均单果重 80 克左右，最大果重 100 克；果顶平，缝合线浅而明显；果皮底色浅黄，着色全面，鲜红；果肉黄色，具少量红色素，肉质较溶，多汁，风味甘甜，香气浓郁，可溶性固形物含量 13%～17%，黏核，品质上等。

（三）中油 4 号

中油 4 号椭圆形或圆形，平均果重 160 克以上，最大果重 350 克，肉黄色，浓甜，有香气，硬质，鲜红极丰产，6 月中旬成熟。

（四）中油 5 号

中油 5 号平均单果重 150 克，果鲜红色，外观美，风味浓甜，丰产性好，耐贮运，5 月下旬至 6 月初成熟。

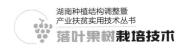
四、蟠桃

中蟠 11 号

黄肉蟠桃品种，3 月 10 日盛花，6 月中下旬成熟，生育期 100 天，成熟状态一致；平均单果重 160 克，果皮有茸毛，底色黄，果面 60% 以上着鲜红色，皮不能剥离；果肉橙黄色，肉质为硬溶质，耐运输；汁液多，纤维中等；果实风味浓甜，香味浓，黏核。自花结实，丰产（图 4-3）。

图 4-3　中蟠 11 号

五、黑桃

（一）黑姑娘

黑姑娘又名乌桃、黑桃皇后。果皮上有白色茸毛，果实和果肉均乌黑发紫，肉质细，硬溶质。成熟期在 8 月下旬至 9 月上旬。属特晚熟桃品种，果呈扁卵形或球形，平均单果重 50~150 克，最大果可达 250 克，离核，肉质细，果汁中等，甜酸适中。

图 4-4　非洲黑妹

（二）非洲黑妹

非洲黑妹黑桃是从南非引进的新品种，6 月中旬成熟，平均果重 300 克，最大果重 420 克。果实近圆形，充分成熟为紫黑色，果皮光滑，果肉黄红色，风味香甜，可溶性固形物含量 16%，离核。果实成熟后挂树 30 天，耐贮运，丰产（图 4-4）。

第二节　生物学特性及其对环境条件的要求

一、主要生长结果特性

（一）生长特性

桃树在一年中可多次抽梢多次生长。树冠成形快，但干性弱；层性不明显，树冠较低，分枝级数多，叶面积大，进入结果期早，5～15 年为结果盛期，15 年后开始衰退，桃树寿命较短，但与选用的砧木类别、环境条件和栽培管理水平有较密切的关系。桃属浅根性树种，根系大部分为水平状分布。根系的扩展度大于树冠的 0.5～1 倍，吸收根分布在离土表的 40 厘米以内，其中 10～30 厘米分布最旺。

（二）结果特性

桃果实发育经过 3 个时期即：①果实迅速增大时期：从谢花后子房膨大开始到核层木质化以前，子房细胞迅速分裂，幼果迅速增大，这一时期的长短，大部分品种大致相同，一般在 45 天左右。②果实缓慢增大期：从核层开始硬化至硬化完成，胚充分发育，果实发育缓慢，故又称硬核期。此期早熟品种最短，中、晚熟品种较长。③果实迅速增重增大期：从核层硬化完成至果实成熟，果实成熟前 10～20 天增长特别明显，随着果实的成熟生长开始停止。

二、对环境条件的要求

桃树对温度的适应范围较广。在湖南省低海拔地区不存在冻害问题，但若温度过高，枝干容易被灼伤，果实品质下降。冬季休眠时，须有一定时期的低温，桃树一般需要 7.2℃以下，经过 750～1250 小时需冷量后花芽叶芽才能正常发育。桃耐干旱，雨量过多，易使枝叶徒长，花芽分化质量差，数量少，果实着色不良，风味淡，品质下降，不耐贮藏。光照不足还会造成根系发育差、花芽分化少、落花落果多、果实品质变劣。桃树对土壤要求不严，但以排水良好、通透性强的砂质壤土为最适宜。土壤的酸碱度以微酸性至中性为宜，即一般 pH 5～6 生长最好。

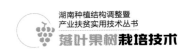

第三节　桃园建立

一、园地选择与规划

（一）选地

园地要求相对集中连片，气候条件、土壤条件适宜，海拔高度适中。桃树喜阳光，坡向最好向南，光线充足，坡度不宜太大，一般以 25° 以下为宜。山顶造林最好，选山麓地带，以土层深厚、肥沃、疏松的最好，肥瘠比较容易改造，已成林的林地最好保留，尽量避免毁林种果。

（二）综合规划

山、水、园、林、路、农、牧综合考虑，能相互结合的尽量结合，如林果结合、草果结合等，因地制宜，形成良好的生态系统。山地最重要的作用是保持水土，发展桃树种植，就能改造环境形成良性循环。开山造园，首先要安排好道路、沟渠、防护林（片林和林带）以及办公楼屋、宿舍、仓库、工棚、畜禽舍等等建筑物，以方便工作与生活。

二、苗木定植

定植沟一般深 40~50 厘米、宽 50~60 厘米，同时放入有机肥。苗木载后要踏实并浇水。完成后及时定干，定干的高度为 40~60 厘米。树体控制桃树的高度一般为 2~3 米，其冠径一般为 5~7 米，为了确保桃树能够迅速投产，实现年年丰收，就必须对树体进行有效控制。要梳理较弱、过强及过密的枝条，并将留下的枝条都截断 5~10 厘米，短截后的新梢上会形成花芽并在翌年成为结果枝。

第四节　土肥水管理

一、土壤管理

①留足树盘。由于新栽桃树矮小，根系正在扩展，竞争水分和养分的能

力较弱，因此，一定要加以保护，留足树盘，树盘直径 100~150 厘米以上。②深翻改土。每年结合施用有机肥，对桃园深翻改土以利根系正常生长。③中耕除草。桃园全年中耕除草 2~4 次。在春季萌芽前结合追肥全园中耕松土，促进深层土温升高，以利根系生长活动。④合理间作。未封行的幼龄桃园不宜种植高秆植物，以间作花生、西瓜、甜瓜、马铃薯和分枝力弱的绿豆、黄豆等为宜。间作时应留出树盘加强管理，以利桃树生长。

二、科学施肥

（一）施基肥

基肥是以有机肥料为主，施用时混合适量的氮肥、磷肥、钾肥，可提高肥效。基肥宜在 9 月上旬或中旬以前施用，以保证秋根及时恢复生长，促进养分的吸收和贮藏。为节约用肥并提高肥效，可穴施，每株 2 穴，分年改变穴位，逐步改土养根。穴施肥后应立即浇透水。一般每亩施用有机肥 2500~3000 千克。

（二）施追肥

①萌芽前追肥。在萌芽前 1~2 周进行，以速效氮肥为主。每株施尿素 0.5 千克或复合肥 1 千克。主要对树势较弱、产量较高的树进行，以补充上年树体贮藏营养的不足，促进根系和新梢生长，提高坐果率。②花后肥。落花后施入，以速效氮为主，配以磷钾肥。施肥量同第一次。可促进幼果生长，减少落果，有利于极早熟品种的果实膨大，树势旺的可不施。③壮果肥。在果实开始硬核期时施入，以钾肥为主，配以氮磷肥。促进早熟品种的果实膨大，为花芽分化做准备。④催果肥。果实成熟前 15~20 天施入氮钾结合，促进果实膨大，提高果实品质。⑤采后肥。果实采后结合施基肥进行。采果后施肥对于迅速恢复叶功能、增加贮藏营养十分有利，不应忽视。

（三）根外追肥

根外追肥又叫叶面追肥。常用的叶面追肥为尿素和磷酸二氢钾，喷施浓度一般为 0.3%~0.5%，也可结合喷药至采收前施用。为提高效果，最好在上午 10 点前、下午 4 点后或阴天进行，避免晴天中午喷肥，以防高温引起肥害。

三、水分管理

一年的灌水时期有萌芽前、新梢生长期、硬核始期、果实膨大期4个时期。在各个需水时期，根据降雨情况和土壤保水情况，确定具体的灌水次数，及时灌水。4~5月降雨集中期，在园内挖排水沟，及时排出园内积水。

第五节　树冠管理

一、整形修剪

（一）树形

自然开心形干高30~50cm，主干直接着生3个主枝，夹角40°~60°；每主枝培养2~3个侧枝，夹角60°~80°。该树形适合株行距3米×4米密度。丫字形干高30~50厘米，两主枝向行间延伸，主枝角度60°~80°；每主枝留2~3个侧枝或大型枝组，夹度80°。该树形适合密植，即每亩栽222~333株（图4-5）。

图4-5　桃自然开心形树形

（二）整形技术

栽植后于30~50厘米处留3~5个饱满芽定干，萌芽后按树形选留主枝。生长季当主枝延长枝生长至50厘米时留背下芽或副梢摘心，以开张角度、促生副梢，选留侧枝或枝组。注意适当控制背上直立枝。冬剪时，对主枝延长枝留50~60厘米短截，对侧枝延长枝留30~40厘米短截，结合树形调整主枝和侧枝角度，2~3年完成整形任务。

（三）修剪技术

花期复剪于初花期（3月底至4月初）进行，对冬剪不彻底或留芽过多（过长）的结果枝，根据枝粗、姿势及果实大小合理短剪。抹芽于萌芽期（4月10日左右）进行。新梢生长期（4月中旬至5月上旬）疏除多年生枝或旺果枝上萌发直立旺长新梢。基部10~20厘米处有副梢的徒长枝，基部留1~2个副梢短剪。对空间较大缺少侧枝的部位，也可将背上直立新梢拉向一侧，改造为结果枝组。副梢生长期（6~7月）疏除过密和直立旺长的副梢，或喷200倍15%的多效唑控制副梢发生。

二、花果管理

（一）保花保果

花期放蜂，每亩放置2~4箱蜂；花期避免喷药，以保护有益授粉昆虫；花期喷0.1%~0.2%硼砂或0.1%~0.2%复合微量元素；人工授粉，即在授粉树上用鸡毛掸收集花粉，然后在需授粉的主栽品种上轻抖鸡毛掸或机器喷粉。

（二）疏花疏果

徒长性果枝留4~5个果，长果枝留3~4个果，中果枝留2~3个果，短果枝留1~2个果，花束状和花簇状果枝留1个果。及时疏除病虫果、畸形果、朝天果、并生果及发育不正常小果。坐果率高而稳定的品种可适当多疏少留；相反可适当多留，或按25∶1叶果比留果。

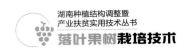
第六节 病虫害防治

一、主要病害及其防治

（一）桃细菌性穿孔病

叶片初发病时为水渍状黄白色至白色小斑点，后形成圆形、多角形或不规则形，紫褐色至黑褐色。果实发病，病斑以皮孔为中心果面发生暗紫色圆形中央凹陷的病斑，边缘水渍状，后期病斑中心部分表皮龟裂（图4-6）。

图4-6 桃叶细菌性穿孔病

防治方法：发芽前喷4~5波美度石硫合剂或1：1：100倍的波尔多液，花后喷一次科博800倍液。5~8月喷农用链霉素（10000~20000倍液）或锌灰液（硫酸锌1份，石灰4份，水240份）或65%代森锌可湿性粉剂600倍液等。

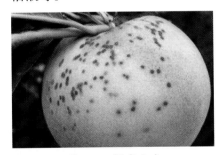

图4-7 桃疮痂病

（二）桃疮痂病

果实上的病斑初为绿色水渍状，扩大后变为黑绿色，近圆形。果实成熟时，病斑变为紫色或暗褐色。枝梢受害后，病斑呈长圆形浅褐色，以后变为灰褐色至褐色，周围暗褐色至紫褐色，有隆起，常发生流胶（图4-7）。

防治方法：萌芽前喷80%五氯酚钠200倍液加3~5波美度石硫合剂；落花后半个月至7月，约每隔15天，喷50%的多菌灵可湿性粉剂800倍液或代森锌可湿性粉剂500倍液，或福星8000~10000倍液，均对此病有效，以上药剂不可重复使用。

（三）桃褐腐病

幼果发病初期，呈见黑色小斑点，后来病斑木栓化，表面龟裂，严重时病果变褐，腐烂，最后变成僵果。果实生长后期发病较多，染病初期呈见褐色，病果大部或完全腐烂，落地（图4-8）。

图4-8　桃褐腐病

防治方法：芽膨大期喷3~5波美度石硫剂+80%五氯酚钠200倍液，花后10天至采收前20天喷65%代森锌可湿性粉剂500倍液，或70%甲基托布津800倍液或50%多菌灵600~800倍液或20%三唑酮乳油3000~4000倍液。每次间隔10~15天。

图4-9　桃炭疽病

（四）桃炭疽病

硬核前幼果染病，果面上发生褐绿色水渍状病斑，以后病斑扩大凹陷，并产生粉红色黏质的孢子团，幼果上的病斑顺果面增大并达到果梗，其后深入果枝，使新梢上的叶片纵向上卷，这是本病特征之一（图4-9）。

防治方法：萌芽前喷石硫合剂加80%五氯酚钠200倍液或1∶1∶100波尔多液，铲除病源，开花前、落花后、幼果期每隔10~15天，喷炭疽福美可湿性粉剂800倍或70%甲基托布津可湿性粉剂1000倍液或50%多菌灵可湿性粉剂600~800倍液或克菌丹可湿性粉剂400~500倍液。

（五）桃流胶病

桃流胶病是枝干重要病害，造成树体衰弱，减产或死树。春夏季在当年新梢上以皮孔为中心，发生大小不等的某些突起的病斑，以后流出无色半透

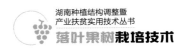

明的软树胶。

防治方法：树体上的流胶部位，先行刮除，再涂抹 5 波美度石硫合剂或涂抹生石灰粉，隔 1~2 天后再刷 70% 甲基托布津或 50% 多菌灵 20~30 倍液。

（六）根癌病

瘤发生于桃的根、根颈和茎上，受害部分先形成灰白色的瘤状物，质嫩，瘤不断长大，变成褐色，木质化，质地干枯坚硬，表面不规则，粗糙有裂纹。

防治方法：用 K84 生物农药 30~50 倍液浸根 3~5 分钟，或次氯酸钠液浸根 3 分钟，或 1% 硫酸铜液浸根 5 分钟，再放到 2% 石灰液中浸 2 分钟。用 K84 菌株发酵制成的根癌宁 30 倍液浸根 5 分钟，切瘤灌根能抑制根癌病的发生。

二、主要虫害及其防治

（一）桃蚜

群集在嫩芽上吸食汁液。3 月下至 4 月间，以孤雌胎生方式繁殖为害。成虫和幼虫群集叶背，被害叶片从叶缘向叶背纵卷，组织变肥厚，褪绿，并排泄黏液污染枝叶，抑制新梢生长，引起落叶。

防治方法：用菊酯类农药或硝亚基杂环类杀虫剂——吡虫啉（3000 倍液）、3% 啶虫脒 2500~3000 倍液喷一次"干枝"，可基本控制为害。为害期，应在虫口数量没有大发生之前喷药，可用 10% 吡虫啉 3000~4000 倍液、48% 乐斯本乳油 2000 倍液。

（二）桃山楂红蜘蛛

为害新生的幼嫩组织。在盛花期过后产卵，落花后卵孵化完毕。到 6 月份以后，气温高，繁殖快，世代重叠，为害严重，常引起大量落叶。

防治方法：5% 尼索朗乳油 3000 倍液或螨死净水悬浮剂 2000~3000 倍液。螨害严重时，可喷哒螨灵 1500 倍液、20% 灭扫利 2000~3000 倍液、20% 速螨酮 2000~3000 倍液或齐螨素 8000 倍液，1.8% 阿维菌 3000~4000 倍液。

（三）桃小绿叶蝉

迁飞到桃树嫩叶上刺吸为害，被害叶上最初出现黄白色小点，严重时斑点相连，使整片叶变为苍白色，提早落叶。

防治方法：谢花后新梢展叶期，5 月下旬第一代若虫孵化盛期，7 月下旬至 8 月上旬第二代若虫孵化期，可用以下药剂：5% 高效氯氰菊酯 2000 倍液，倍灭扫利 3000 倍液。

（四）桃蛀螟

桃蛀螟以幼虫蛀食危害桃果，第一代、第二代主要危害桃果，以后各代转移到石榴、向日葵等作物上危害，最后一代幼虫于 9 月、10 月间，在果树翘皮下、堆果场及农作物的残株中越冬。成虫对黑光灯有强烈趋性，对花蜜及糖醋液也有趋性。

防治方法：利用黑光灯、糖醋液诱杀成虫。喷洒农药。在第一代、第二代卵高峰期树上喷布 5% 高效氯氰菊酯 2000 倍液，20% 速灭杀丁2000~3000 倍液。90% 美曲磷酯 1000 倍液，每个产卵高峰期喷 2 次，间隔期 7~10 天。25% 灭幼脲悬浮剂 1500 倍液。

（五）桃茶翅蝽

成虫和若虫吸食嫩果、嫩叶、嫩梢的汁液，果实被害后，呈凸凹不平的畸形果，受害处果肉变空，木栓化。桃果被害后，被刺处流胶，果肉下陷，成僵斑硬化，幼果被害常脱落，对产量和品质影响很大。

防治方法：成虫出蛰后（5 月上旬）和第一代若虫发生期喷 20% 灭扫利乳油 2000 倍液或万灵可湿性粉剂 2000 倍液，敌敌畏 1000 倍液，美曲磷酯1000 倍液，乐斯本 1500~2000 倍液。

（六）桃介壳虫

桑白介以若虫和成虫固着刺吸寄主汁液，虫量特别大，有的完全覆盖住树皮，相互重叠成层，形成凸凹不平的灰白色蜡物质，排泄黏液污染树体，呈油渍状，被害枝条发育不良，重者整枝或整株枯死。

防治方法：喷 48% 乐斯本乳油 1500 倍液或 5% 高效氯氰菊酯 2000 倍

液，或 90% 美曲磷酯 800 倍液，速蚧杀 1500 倍液。在药剂中加入 0.2% 中性洗衣粉，可提高防治效果。

（七）桃球坚介壳虫

在枝条上吸取寄主汁液。密度大时，可见枝条上介壳累累。使树体衰弱，产量受到严重影响。为害严重时造成枝干死亡。

防治方法：5 波美度石硫合剂，合成洗衣粉 200 倍液，5% 柴油乳剂。果树生长期、若虫孵化期是防治的关键时期，5 月下旬至 6 月中旬，用 80% 敌敌畏 1000 倍液、48% 乐斯本 2000 倍液、25% 扑虱灵可湿性粉剂 1000 倍液、速蚧杀 1000~1500 倍液防治。

（八）桃红颈天牛

在皮层下和木质部钻不规则隧道，并向蛀孔外排出大量红褐色粪便碎屑，堆满孔外和树干基部地面。

防治方法：成虫产卵前，在主干和主枝上刷石灰硫黄混合剂并加入适量的触杀性杀虫剂，硫黄、生石灰和水的比例为 1：10：40。虫道注药。发现枝干上的排粪孔后，将粪便木屑清理干净，注入 80% 敌敌畏乳油 10~20 倍液，用黄泥将所有排粪孔封闭，熏蒸杀虫效果很好。

第七节　栽培管理月历

表 4-1　桃栽培管理月历表

月份	物候期	工作内容
1 月	休眠期	巡查果园，开定植穴或定植沟
2 月	休眠期	清园用 3~5 波美度石硫合剂，或晶体石硫合剂 15 倍全园喷雾清园，铲除病虫害

续表 1

月份	物候期	工作内容
3 月	萌芽 开花期	（1）施追肥灌，保花保果； （2）每隔 10～15 天喷一次叶面肥（尿素、磷酸二氢钾、微肥等）； （3）防治蚜虫、细菌性穿孔病等
4 月	坐果、果实生长期	（1）谢花后可以每隔 10 天喷一次氨基酸微肥 500 倍液加磷酸二氢钾 300 倍液，连喷 3～4 次，可减轻桃尤其是晚熟桃裂果并可增产； （2）防治蚜虫，炭疽病。抹芽、疏嫩梢，花后复剪、疏小果、病果； （3）幼树除萌蘖，选择主枝条，施有机肥
5 月	新梢速长期 早熟品种成熟期	（1）施壮果肥，同时疏果、早熟品种果实套袋； （2）上中旬开始夏季修剪（摘心、环缢、拧枝等，中下旬施硬核肥，施后灌水松土，下旬中晚熟品种完成套袋； （3）防治的主要虫害为桃瘤蚜、桃蛀螟、桑白介、桃小食心虫等；主要病害为桃疮痂病、桃细菌性穿孔病、桃炭疽病、桃褐腐病
6 月	中熟品种果实膨大、成熟期	（1）完成第一次夏季修剪，果园覆草，下旬施用果实膨大肥，开始采摘早熟品种； （2）防治的主要虫害为桃瘤蚜、桃蛀螟、刺蛾、红颈天牛、桃小食心虫等；主要病害为桃炭疽病、桃褐腐病等； （3）采摘早熟品种果实，晚熟品种在本月上旬需完成套袋工作
7 月	中熟果实成熟期	（1）结合墒情进行灌水和松土； （2）上旬进行第二次夏剪； （3）中熟品种果实采收，翻耕埋绿肥，幼树树盘覆草抗旱； （4）中下旬开始采收中熟品种

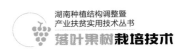

续表 2

月份	物候期	工作内容
8 月	晚熟品种成熟期，新梢停长期	（1）中晚熟品种成熟采收及施肥。采果后对旺树剪去内膛郁闭大枝，"开天窗"拉枝加大角度； （2）防治二代桃小食心虫等病虫害，防治刺蛾、叶蝉、军配虫
9 月	新梢停长期	（1）早熟品种早施基肥。防治刺蛾，刮树胶，用石硫合剂涂伤口； （2）叶面喷肥和杀菌剂，保护叶片。深翻改土，幼年桃园播种冬季绿肥
10 月	落叶期	（1）10 月中旬结束嫁接，剪去顶端嫩梢； （2）喷药防治病虫害（梨网蝽等）
11 月	落叶期	（1）成年树修剪，施足基肥。捕捉天牛幼虫及消灭越冬病虫源； （2）全树喷一次 40～50 倍高浓度半量式波尔多液防治桃缩叶病等
12 月	休眠期	（1）清理果园，清除老病枝、叶，刮除翘皮； （2）一般在春节前完成冬剪。幼树以整形为主，成年树以均衡树势、维持高产稳产为主； （3）涂伤口保护剂，主干和主枝刷白

第五章
李栽培技术

5

徐　海

第一节　概　　述

一、经济意义

李在我国有着悠久的栽培历史，是上市较早、供应期较长（5~8月）的落叶果树，是盛夏的主要鲜果之一。李果的营养价值较高，风味酸甜可口，具有特殊香气，深受消费者喜爱。除鲜食外，其果实还可加工成李脯或酿造果酒，制成罐头水果。李干可入药，具有解渴生津、提神和助消化的功效。李树生长势强、适应性好、易繁易栽、结果快、丰产性好、经济寿命在30年以上。若合理密植，科学培管，能取得较高的经济效益，发展前景广阔（图5-1）。

图5-1　李果

二、产业概况

据相关统计，2016年，全国李种植面积达2850万亩，产量649万吨。

分布于各省（自治区），南起广东广西，北至黑龙江，东起浙江，西至新疆，都有李的栽培。其中以浙江、福建、湖南、江西、四川、湖北、安徽、广东、河南、北京、辽宁、新疆、黑龙江等省（自治区）栽培较多。

李是湖南省栽培历史悠久、分布最广的特色时鲜水果之一。至 2016 年，湖南省栽培面积达 35 万亩以上，产量达 12.5 万吨以上。主要产区为长沙、衡阳、邵阳、怀化、株洲、郴州、常德、岳阳等地。栽培品种以湖南地方优良品种为多。20 世纪 80 年代以来，从福建等省引进的优良品种以及从国外引进的日本、欧美品种逐渐增多，在湖南也已经形成了较大的种植规模。近年来，虽然湖南省良种化和商品化基地建设有了较快发展，但过去的宅旁边地零星种植的老李园还大量存在，许多农户仍采取"四不"（不挖园、不施肥、不治虫、不修剪）管理方式，加上品种良莠不齐等，导致了李果的品质差、产量低、商品率和经济效益不高的不良现状。因此，今后应立足于加强新品种、新技术、新信息的推广应用，将产业与市场紧密结合起来，才能实现高效优质栽培，提高果农经济效益，促进湖南水果产业的健康发展。

第二节　主要种类和品种

一、主要种类

李为蔷薇科李属植物，约 30 种。用作栽培的约 14 种，品种达 2000 多个。我国栽培的李有四个种，即中国李、杏李、欧洲李、美洲李。这四个种，除美洲李原产北美洲外，中国李和杏李原产中国；欧洲李过去被认为原产高加索和外高加索，但一直未发现野生种。1980 年以来，在新疆伊犁地区发现了野生欧洲李的分布，证明仍为欧洲李的原产地之一。中国李原产我国东南部、长江流域及华南一带。湖南属中国李原产地之一，各地山区尚有大量野生李分布。

李按其果实色泽可分为黄皮黄肉、红皮黄肉和红皮红肉三类。按其成熟期早晚可分为早熟、中熟、晚熟三种。依果实用途不同，又将其分成鲜食李、制干李和制罐李。

二、主要栽培品种

品种生长具有一定的区域性，发展时必须选择适合当地生态环境的良种。适于湖南栽培的良种介绍如下：

（一）中国李品种

1. 大平头李

主产宁乡朱良桥。树势较弱，主枝分枝角度较大，丰产性较强，但大小年现象十分明显。果实近长圆形或心脏形，大小均匀，平均单果重 28.5 克，果皮鲜红，底色黄绿，密被灰白色果粉。皮薄脆难剥离。果肉黄色，肉质松脆多汁，酸甜适度，具清香气。黏核，果实可食率 97.7%，可溶性固形物含量 12.5%，品质上等。6 月中下旬成熟。本品种与毛桃砧不亲和，宜用本砧。

2. 桐子李

主产道县。树势中庸，树冠较开张，产量一般。果实心脏形，平均单果重 35.5 克，最大果重 48.4 克。果皮黄绿色，密被灰白色果粉。皮中等厚，柔脆易剥离。果肉黄色，纤维较少，肉质松脆，多汁，甜而微酸，具浓清香气。黏核，果实可食率 96.1%，可溶性固形物含量 14.0%，品质上等。6 月下旬成熟。

3. 太平果李

主产沅江县。树势中等，树冠开张呈扁圆形，丰产性好。果实扁圆形，平均单果重 59.7 克，果顶平。果梗较长。果皮暗紫色，密被灰白色果粉。皮中等厚，质脆难剥离。果肉近皮部橙黄色，近核处紫红色，完熟时为紫红色，汁多味甜。黏核，果实可食率 97.1%，可溶性固形物含量 12.0%，品质上等。6 月下旬成熟。

4. 朱砂李

分布在新邵、新化、邵阳市等地。树势中等，树冠半开张呈倒圆锥形，较丰产稳产。果实扁圆形，大小整齐，平均单果重35.9克。果皮暗紫红色，果粉厚，蜡质多。果点圆形，分布密而明显。皮厚而脆，完熟时易剥离。果肉紫红色，质脆多汁，纤维素较多，浓甜有香气。黏核，果实可食率97.1%，可溶性固形物含量11.3%，果实美观，品质上等，较耐贮运，宜鲜食与加工。7月中旬成熟。

5. 芙蓉李

主产福建福安、永泰等地。20世纪70年代引入湖南，主要分布在长沙、株洲、湘阴等地。本品种树势强健，树冠开张，枝条有下披性。适应性及抗旱性强，产量高。果实扁圆形，平均单果重47克，最大果可达100克以上。果皮淡红色，外被银灰

图5-2　芙蓉李

色果粉，皮较厚。果肉深红色，肉质致密多汁。黏核，果实可食率96%~97%，可溶性固形物含量9.0%，品质优良，即适加工李干，又可鲜食。7月中旬成熟（图5-2）。

6. 棕李

原产福建福安、永泰等地。与芙蓉李同时引入湖南，主要分布在长沙、湘阴、炎陵、汝城、邵东、桃江、西湖农场等地。树势强旺，树冠较开张，始果期早。果实心形或近圆形，果形大，一般单果重50克左右，最大可达100克。果皮黄绿色，光滑、密被白色果粉，间有淡乳白色纵条纹为其特征。果肉黄色，质脆致密，果汁较多。半离核，近果顶部与核交界处有空室，

图5-3　棕李

核极小。果食可食率 97.7%~98.2%，可溶性固形物含量 12.5%~15.0%，味浓甜而香，品质极佳。7 月下旬至 8 月上旬成熟。耐贮运，属鲜食加工兼用型晚熟良种（图 5-3）。

7. 青果李

又名脆皮香、空心果。主产石门县。树势强健，树冠高大呈半圆形，丰产性一般，大小年结果明显。果形扁圆，大小均匀，平均单果重 53.4 克，最大果达 64 克以上。果皮黄绿色，肉厚、质紧脆、有芳香。离核，核较小，成熟时核开裂。果实可食率 94.2%，可溶性固形物含量 11.2%，甜酸适度，品质上等，较耐贮运。7 月下旬成熟。

（二）其他李品种

1. 蜜思李

原产于新西兰。早熟品种。树势中庸，树姿开张，枝条紧凑，成枝力强，以长短果枝结果为主。自花授粉、结实力强、丰产，适于密植。平均单果重 50 克，最大 100 克，果实近圆形，顶部圆滑，果柄细长，果面紫红色，果肉淡黄色，完全成熟时紫红色。黏核，果实可食率 97.4%，可溶性固形物含量 13%。肉质细嫩，甜多酸少，香气较浓，品质上等。6 月中旬成熟。

2. 紫琥珀李

美国品种。树势中庸，枝条直立，分枝角度小，成枝力较强，短枝量多。果皮紫黑色，果肉淡黄色，多汁液，具特殊香味。其果核较小，可食率高。果形近圆形或略扁圆形，单果重 65~100 克，大果重 100~150 克。营养丰富，据测定，果肉含糖量 13%~14%，并含多种维生素，其中以维生素 A 和维生素 C 含量较多。果实质脆硬，耐贮运。该品种还表现适应性广，抗病性强，丰产稳产，是综合性状优良的大果型品种。6 月底至 7 月上旬成熟。授粉品种可用澳得罗达和玫瑰皇后等。

3. 玫瑰皇后李

美国品种。树势强旺，枝条直立，萌芽力、成枝力均强，丰产性好。平均果重 86 克，最大果重 160 克。扁圆形，果面紫红色，果肉金黄色。果实总糖含量 12.1%，可溶性固形物含量 13.8%。肉质细嫩，汁液较多，味甜可口，品质上等，果大，外观美，口味好，离核，核小，耐贮运。7 月下旬成熟。授粉品种可用紫琥珀、黑宝石等。

4. 澳得罗达李

美国品种。树势强旺，枝条直立。短枝多，花束状果枝着生较密，以花束状果枝和短果枝结果为主。自然坐果率高，应加强疏果，增大果个。丰产性强，抗虫性好。平均单果重 52.1 克，最大果重 98 克。果实扁圆形，果顶平圆。果面浓红色，无果点和果粉。果肉黄色，肉质细嫩、不溶质，味甜可口，品质上等。可溶性固形物含量 12.8%。果实于 7 月下旬成熟，在 0~5℃条件下可贮藏 3 个月以上。

5. 黑宝石李

美国品种。植株长势壮旺，枝条直立，树冠紧凑。以长果枝和短果枝结果为主，自花结实率高，极丰产。平均单果重 72.2 克，最大果重 127 克。果实扁圆形，果顶平圆。果面紫黑色，果粉少，无果点。果肉乳白色，硬而细嫩，汁液较多，味甜爽口，品质上等。可溶性固形物含量 11.5%。果实肉厚核小，离核，可食率 97%。果实货架期 25~30 天，在 0~5℃条件下可贮藏 3~4 个月。8 月上中旬成熟。

图 5-4　黑宝石李

第三节　生物学特性

李为多年生落叶小乔木，树皮灰褐色，树冠高度一般 3~5 米，树势强健，树姿直立或是张开，开张形的干性较弱，多为半圆头形；直立性品种很少，树的形态因品种和树形及环境条件的不同而异。李树嫁接苗 2~3 年开始结果，5~8 年进入盛果期，一般寿命为 15~30 年或更长。叶互生，叶片椭圆或长圆倒卵形，先端渐尖或急尖，边缘具细锯齿，叶色绿或浓绿，叶表有光泽，叶片及花梗光滑无毛。李花通常 3 朵并生。萼片绿色，5 片。花瓣 5 片，白色，宽倒卵形。雄蕊 25~30 枚，略短于花瓣，花丝白色，花药黄色。雌蕊柱头黄色，一般不分裂。果实为核果，果实形状有球形、卵球形、心脏形、近圆锥形，直径 2~3.5 厘米，栽培品种可到 7 厘米，黄色或红色，

有时为绿色或紫色，梗凹陷，先端微尖，缝合线明显。李子的核卵形、具皱纹、黏核，少数离核。果实外部常有"白霜"。"白霜"又叫果霜，主要是由果腊和果酶等成分组成的，起到保护水果的作用，所以一般不是到吃的时候不要它将洗掉，它能增加水果的保鲜时间。

图 5-5　李果

一、生长结果习性

（一）生长习性

李树幼龄时期植株生长快，1 年内新梢可有 2~3 次生长，同时还有副梢发生，所以树冠形成快，结果早。盛果期单株产量可达 20~30 千克，最高产量达 70~90 千克，因树种和品种不同而有差异。

李的萌芽能力强，成枝能力中等。幼树期易产生强势的发育枝，长达 1~2 米以上；一般延长枝于先端产生 2~3 个发育枝或徒长性果枝，其下则为短果枝和花束状果枝。李的潜伏芽寿命较长，故主枝出现空虚的现象不甚严重。水平枝的背上或大枝回缩的伤口附近易萌发徒长枝，有利于更新。

李树根系发达，主要分布在距地表 20~40 厘米深处的土层。根系的水

平长是树冠直径的 1~2 倍。李树用自根苗或用毛桃作砧木，栽植过深者，易发生根蘖，特别是在距主干 1 米左右，经常大量发生。当地上部受到刺激时也会促进发生根蘖。应结合刨树盘和中耕除草尽早除去。

（二）结果习性

李树的芽有花芽和叶芽两种。多数品种在当年生枝条下部形成单叶芽，在中部形成复芽，在上部接近顶端又形成单叶芽，各种枝条的顶端均为叶芽。花芽为纯花芽，一个花芽包含 1~3 朵花。复芽节一般既有花芽又有叶芽。李的花芽分化属夏秋分化型，并受地理位置和气候条件的影响。李树结果枝有长、中、短和花束状果枝 4 种，中果枝较少，结实力低，主要以短果枝及花束状短果枝结果。但幼树以长果枝结果为主。在营养状况较好的情况下花束状短果枝可连续结果 10~15 年，但生长量较小，仅有 2 厘米左右。中国李主要从短果枝和花束状果枝结果；欧洲李和美洲李则以中短果枝结果为主。

李的多数品种自花结实力低，需配置授粉树方可丰产。花经授粉受精后，子房发育膨大成果实。每一花束状结果枝常开花 10~20 朵，但坐果数多为 1~3 个。开花后一个月内最易落果，以果实生长初期落果最多。湖南地区花期较早的品种（芙蓉李、椶李等），如遇早春的低温寒潮和阴雨连绵的天气，会导致授粉受精不良，坐果率极低。

李树的物候期，不同地区、不同品种的萌芽和开花期迟早不一。以长沙地区为例：花芽萌动初期在 2 月上中旬，现蕾期和叶芽萌动期为 3 月上中旬，开花期在 3 月下旬前后，3 月中下旬至 4 月初展叶抽梢，4 月上旬开始生理落果，4 月上中旬坐果，5 月下旬至 8 月上旬果实成熟，落叶期为 11 月下旬至 12 月。

果实的生长发育可分为三个时期：①果实发育初期，从花受精后至核开始硬化为止，约自 4 月上旬至 5 月上旬，果实生长较快；②硬核期，即从核迅速生长至硬化为止，从 5 月中旬至下旬，果实生长稍缓慢；③成熟期，自核硬化后直到果实成熟，多为 6~8 月，此期果实增长迅速。

二、对环境条件的要求

（一）温度

李对温度的要求因种类和品种而异。如：我国北方原产的李，可以耐 −40~−35℃低温，南方的品种对低温的适应能力较差；李花期最适温度为 12~16℃、易受霜冻影响。中国李花期较早，常常早春受霜冻而影响，欧洲李开花晚，一般可以避免早春霜冻的危害。

（二）水分

李树抗旱性强，但不太耐湿涝，特别是以桃杏作砧木时，对湿涝的忍耐力较差。幼果膨大初期和新梢迅速生长期缺水，则造成落果。

（三）光照

李对光照无特殊要求。果实要求良好的光照条件，以改善着色和品质。花期天气晴朗，有利于授粉和坐果。

（四）土壤

李树对土壤条件的要求不太严格，在各种类型土壤上都能正常生长发育。土壤酸碱度以 pH 值 6.2~7.4 为宜。

第四节　栽培技术

一、建园要求

李树对气候、土壤的适应性较强，湖南大部分山地、丘陵、平原都能适合李树生长。为了提高李果产量、品质及食用安全性，取得更好的生产效益，应尽量选择交通便利、排灌方便、土层深厚、土壤疏松肥沃、酸碱度适宜、生态环境较好的地块建园。地势低洼、易积水的地块不宜建园。

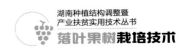
二、品种选择及授粉品种配置

（一）品种选择

李的种类、品种因其原产地不同，对生态环境条件的要求也各不一样。湖南地区高温多湿，最适宜中国李的生长发育，而且以长江中游以南相似生态区引种为宜。其他生态区品种须经过引种试验成功后，方可以大面积推广。

品种选择除了考虑当地生态环境因素外，还应选择经济性状符合市场要求的鲜食或加工品种。同时还须根据交通条件、消费方式和市场需求等来确定鲜食与加工品种的发展比例和规模，并做好早、中、晚熟品种的配套种植。

（二）授粉品种的配置

李树有部分良种存在自花不孕的特性，单一品种栽培产量通常较低。为了达到即优质又丰产的目的，须选择花期一致、花粉亲和力强的授粉品种进行混栽。如主栽品种和授粉品种都较好，可按 40%~50% 配置授粉品种；若授粉品种经济效益较差，则一般按 10%~20% 配置授粉品种。可参考如下配组：椪李、芙蓉李；大平头李、白糖李、檽李等；青果李、桃李、桐子李；紫琥珀、黑宝石、澳得罗达。

三、栽植方式及密度

目前，李树多用嫁接苗进行栽植。如果采用的是桃砧嫁接苗，栽植时要让嫁接口埋入地面，或栽植后培土至嫁接口以上，促使李树产生自生根，保持其应有的经济寿命。新开地栽植时宜挖大穴或撩壕，宽、深以 80~100 厘米为宜，施足有机肥，每株施腐熟厩肥 20~25 千克，磷肥 0.5~1 千克，与土拌匀后再将苗木栽植其中。栽植时须让根系舒展，栽后及时浇好压蔸水。湖区冲积土的土层肥厚，不必挖大穴，但应采用开沟高垄（畦）栽培，畦面整成龟背形，以利排水和根系舒展。

李树的栽植时期以落叶后早栽为宜，一般是 12 月至翌年 2 月前。以利伤口愈合早发新根。栽植密度随地势、土壤肥力以及品种特性不同而异。土壤较瘠薄的坡地及树冠不开张的品种可以稍密植，行株距可用 4 米×3 米或 5 米×3 米；土壤深厚肥沃的平地或树冠开张的品种栽植密度宜稀，行株距可用 5 米×4 米或 6 米×4 米。

四、整形修剪

李树树势较强，树形较大，在自然生长状态下，主枝数目较多，分枝角度不大，单枝延伸明显，常呈一条鞭结果姿态。运用整形修剪措施，可以使其形成主枝数目适当、开张角度相宜的丰产树形，提高经济效益。同时在李树整形修剪中，须根据品种分枝特性及栽培方式选用相应的树形及修剪方法。

（一）幼树的整形修剪

李树常见的树形有自然开心形与分层形（变则主干形）。前者适合于瘠薄坡地及树势中庸、枝条开张的品种；后者适合肥水条件好的土壤及树势较强、分枝角度小的品种。

1.自然开心形整形法

第一年，定植后在距地面 60~70 厘米进行主干定干（即剪截）。翌年春天萌芽抽梢后，及时抹除离地面 30 厘米以内主干上的嫩梢，待整形带内（主干剪口下 30~40 厘米范围）的新梢长到 30 厘米左右时，选择 3~4 个距离适当、枝展方向均匀的作主枝培养，其余新梢和过密枝趁早除去。若主枝的开张角度偏小，应采用撑、拉、吊等措施加大角度。要求第一主枝离地高度达 30~40 厘米，开张角度 60°~70°；第二主枝距第一主枝 10~15 厘米，张开角度 45°~50°；顶上的第三主枝离第二主枝 10 厘米左右，开展角度 30° 伸展。

第二年，萌芽前对所有主枝于 60~70 厘米处短截，促使主枝产生分枝。在树体生长期间，选留好主枝延长枝和侧枝，侧枝应分布均匀，并与主枝保持从属关系。选留作为主枝延长枝的宜早摘心，对生长过密或直立枝应及早抹除。在各主枝距分枝处 60~70 厘米的同侧，选择长势弱于主枝而与主枝分生角度达 45°的侧枝作为第一副主枝。第二副主枝选留在距第一副主枝 40~50 厘米处的相反侧面。当年落叶后，将主枝延长枝和副主枝的新梢短截 1/4~1/3。

第三年，除主枝、副主枝按第二年的方法剪截培养外，须注意保持与协调各主枝间的生长势平衡。对主枝、副主枝上着生的侧枝，除适当疏除过密枝外，应保留向左右两侧的分枝，且一般不短截，进行长放。特别切忌重短截，否则容易徒长，延迟结果。

按上法修剪，经 3~4 年可培养出强健的基本树形。一般来说，每个主枝可配副主枝 2~4 个。在主枝、副主枝周围按一定距离配备适当的侧枝，剪截 1/3~1/2，让其继续分枝构成侧枝群，利用侧枝分化成结果枝结果。

2. 变则主干形整形法

距地面 60~70 厘米处定干。第一层除按自然开心形整形法在整形带内选留生长健壮、分布均匀的侧生枝 2~3 个作主枝外，同时保留一个直立向上而生长健壮的枝条作为中央领导枝。翌年各主枝留 50~60 厘米短截，中央领导枝留 80~100 厘米短截，逐步在中央领导枝上选留 1~2 个与下层主枝错开的主枝，共留 5~6 个主枝。对于第 5 或第 6 枝上的枝条，要注意控制其长势，结果后逐步疏除。

（二）成年树结果枝的修剪

成年结果李树的修剪，重点是维持树形，协调营养生长与生殖生长的关系。此期短果枝与花束状短果枝已大量形成，纯营养枝抽生少，有些结果枝组上的花束状果枝趋向衰弱。因此，宜采用疏删为主，辅以缩、截修剪，尽量利用营养枝短截，培养新的结果枝组。较旺的生长枝和长果枝要酌情短截或长放，长放能促进枝条下部多发短枝，向花束状果枝与短果枝转化。徒长枝一般是疏除，但若其附近有空间时，可将其拉向水平，促使下部形成短果枝结果，形成新的结果枝组。对短果枝及花束状果枝要注意交替结果均衡产量，并交替更新复壮。对于部分冗长的结果枝组，应及时回缩到有短枝的 3~4 年生小枝组部位，使树体更加紧凑，又能提高枝条质量。

成年树的修剪量，一般是土壤较瘠薄或坐果多的品种宜稍重，土壤较肥厚或结果少的品种宜轻。

（三）衰老枝的更新修剪

李树进入盛果末期后，树冠下部的短果枝和密集的花束状果枝出现衰老枯死，结果部位外移，新梢生长量小，结果少。此期修剪的重点是及时有计划地将枝条回缩更新复壮，延长树体结果年限。

当一个大的结果枝组上的大部分结果枝出现衰老枯死时，及时选择其中、下部有饱满叶芽的年轻枝序，采取重短截回缩，促使发出强壮的更新枝；小的结果枝组，要有计划地轮换回缩，保持一定的产量；短果枝与花束状果枝连续结果 3~5 年后即进入衰老期，须及时疏删，改善光照，选用较粗的枝条回缩，促使潜伏芽萌发更新，宜保留强壮的小枝序；大的骨干枝回缩更新，最好一次回缩到先端 2~3 年生、枝背上角度小的分枝处，以背上小枝代替骨干枝头，促使后部结果枝组长势增强，恢复骨干枝的长势。如一次难以选择好换头分枝，则可分两次进行，第一次轻回缩骨干枝头，使部分枝组恢复长势后，再选择回缩到理想部位。徒长枝应夏季摘心。

大的骨干枝组回缩更新，一次数量不可过多。应是小枝、弱枝回缩多，中等枝适量，大枝宜少。修剪是枝条更新的手段，加强肥水管理和病虫害防治是更新复壮的根本。

五、土肥水管理

（一）土壤耕作

李树栽植后的土壤管理应以保持土壤水分为中心，使表土不板结。湖南地区春夏多雨，须做好排水工作，并做到雨后中耕。一般全年中耕 2~3 次。另外，要做好清除恶性杂草和防治水土流失的工作，行间可间作绿肥、大豆、红薯等作物，既能保湿降温，又能增加土壤肥力，有利于李树生长结果。

（二）肥水管理

盛果期的李树每年需要消耗大量的营养物质，对氮和钾的需求量更大。

李树施肥一般分为基肥和追肥。基肥一般于采果后（7~8 月）施入。施肥量占全年的 60%~70%，以有机肥为主，如土杂肥、人畜粪、饼肥等。基肥主要是用于恢复树势，保证花芽分化和防止早衰落叶，提高来年产量；追肥施用量为全年的 30% 左右。第一次在萌芽前施入，以速效氮肥为主，促使开花和枝叶生长，占 10% 的施肥量。第二次是在果实膨大期施入，须考虑磷、钾肥为主，促使果实长大，提高果品品质，施肥量占 20%~30%。另外，施肥后应及时浇水，以提高肥料的利用率。水分管理方面，春夏多雨季节要加强排水；如遇久旱，应及时抗旱浇水，浇水应选温度较低的早晚进行。

（三）花果管理

1. 花期施肥

开花前施入少量尿素等速效氮肥，为开花和萌芽准备足够的养分。在初花期用高效硼肥喷雾，促进授粉受精，增加花器抗逆能力。

2. 预防花期冻害

喷钙、硼等增加抗冻力；树干刷白；用烟熏升温等。

3. 花期病虫害防治

在萌芽前用 3~5 波美度石硫合剂全园喷洒，消灭越冬病虫害。谢花后用除虫菊酯、百菌清喷雾，杀灭食心虫，预防炭疽病、红点病等。

4. 李园放蜂

李树开花前 2 天，每 5 亩李园放 1 箱蜜蜂。

5. 疏花疏果

由于李树花量大、结实率高，适量的疏花疏果可节省树体养分，调节营养物的分配，提高坐果率，保证果实品质。疏花一般在盛花期进行，疏花时除去结果枝基部的花，留中上部花，最好留单花；预备枝上的花要全疏掉，树冠中部和下部的花要少疏多留，外围和上层的花要多疏少留；辅养枝和强壮枝的花要多留，骨干枝和弱枝的花要少留；在一个结果枝上，要疏两头、留中间发育正常的花；对花束状果枝上的花，要留中间、疏外围。疏果可在花期后 1~2 周进行，根据品种、树龄、树势、果实大小来确定单株产量，疏去病虫果、受伤果、畸形果、朝天果和果面不干净的果，疏果应按枝由上而下，由内向外的顺序进行。

（四）采收及其他

李果实成熟时，果皮由绿色转变为品种固有的颜色（红、黄、紫等），果肉也逐渐变软，糖分增多，酸度减少，具有李果特有香气。

李果实的采收期，取决于果实的利用方式。一般鲜食的，须在果实接近完熟时采收，须远销的应在含糖量较高的硬熟期采收。加工用的果实采收期亦随加工用途不同而不同，制罐头用的宜在含糖量最高的硬熟期采收；制果酱和果冻的应在完熟期采收；制李干的李果可在七成熟时采收。此外果实质地不同采收的适期也有差别，如软肉李宜在完熟前 3~4 天采收最能体现鲜果风味；脆肉李应在硬熟期采收，过迟则风味减退。

采收方法：鲜食李果宜手工分批采摘，带果柄摘下，尽量保留果粉，轻放于垫软布的果篮中，严防擦伤果皮。若需在软熟期采摘应市，宜抢在早晨气温低时采摘，直接以小包装运抵销售点。午后或近傍晚采收的，应将果实置阴凉处，降低果温。最好用冷链贮运。

第五节　主要病虫害防治

一、主要虫害及其防治

李树的主要虫害包括食叶害虫和蛀食害虫。

（一）食叶害虫

为害李树叶片、嫩果。主要有金龟子、蚜虫、黄刺蛾、红蜘蛛等。

防治措施：在成虫发生期进行人工捕杀，或用糖醋液诱杀，有条

图 5-6　蚜虫为害李树叶片

件的可安装杀虫灯捕杀。冬春季翻动树盘下土壤，消灭越冬虫体。在卵孵化期到 3 龄幼虫期，用辛硫磷防金龟子、吡虫啉防蚜虫、敌杀死防刺蛾，阿维菌素防红蜘蛛等。

（二）蛀食害虫

为害果实和树干。主要有桃蛀螟、天牛等。

1. 桃蛀螟

防治措施：①农业防治：清洁田园，秋季采果前在树干上绑草把，诱集越冬幼虫后集中深埋或烧毁草把，以消灭幼虫；摘除树上残果、虫果，彻底

刮除老翘皮下的越冬幼虫，减少越冬虫源基数；晚秋或早春深翻改土，以冻死越冬虫卵。合理修剪，疏去密生枝与密生果，使枝间、枝果间、果与果间互不交接，减少产卵场所。果实套袋，在花谢后，子房开始膨大时进行果实套袋。种植高秆作物诱杀，在

图 5-7　桃蛀螟成虫

果园内或四周种植高粱、玉米、向日葵等高秆作物诱集成虫，产卵后集中消灭。②物理防治：利用桃蛀螟成虫的趋光性设置杀虫灯诱杀成虫，降低虫口密度。利用桃蛀螟的趋化性，采用糖醋液或性引诱剂诱杀成虫。③生物防治：桃蛀螟产卵期可用赤眼蜂等天敌进行防治。④化学防治：成虫产卵盛期至幼虫孵化初期施药防治为防治适期，每隔 7~10 天喷 1 次，连喷 2~3 次。药剂可选用灭幼脲或辛硫磷乳油等。

2. 天牛

利用天牛成虫的假死性，可在早晨或雨后摇动枝干，将成虫振落地面捕杀。或在成虫产卵期用小尖刀将产孵槽内的卵杀死。在幼虫期经常检查枝干，发现虫粪时，用小刀挖开皮层将幼虫杀

图 5-8　桃蛀螟幼虫为害李幼果

死，发现被害枯梢及时剪除，集中处理。在新排粪孔内放入沾有 30~50 倍液敌敌畏乳油的棉花团，或放入 1/4 片磷化铝，然后用泥封住虫口，进行药杀。天牛产卵多在树干下部，可在树干上涮白涂剂（生石灰 1 份：硫黄粉 1 份：水 40 份），对成虫有忌避作用。

二、主要病害及其防治

为害李树的主要病害有：李疮痂病、李褐腐病、李袋果病、细菌性穿孔病、李红点病等。

（一）李疮痂病

发生症状：主要为害果实，也为害枝梢和叶片。果实发病初期，果面出现暗绿色圆形斑点并逐渐扩大，至果实近成熟期，病斑呈暗紫色或黑色，略凹陷。发病严重时，病斑密集，聚合成片，随着果实的膨大果面龟裂。新梢和枝条被害后，呈现长圆形、浅褐色病斑，后变成暗褐色，并进一步扩大，病部隆起，常发生流胶。病健组织界限明显。

防治措施：秋末冬初结合修剪，认真剪除病、枯枝，清除僵果、残桩，集中烧毁或深埋。注意雨后排水，合理修剪，使果园通风透光。早春发芽前将流胶部位病组织刮除，然后涂抹石硫合剂或波尔多液铲除病源。生长期每隔 10~15 天可用甲基硫菌灵、福美双、乙蒜素等喷洒防治。

（二）李褐腐病

发生症状：李褐腐病为害花器，产生褐色斑点，并在潮湿时产生灰色霉层，形成花腐。李果实受害初期为褐色圆形病斑，几天内很快扩展到全果，使果肉变褐软腐，表面产生灰白色霉层（图 5-9）。

防治措施：及时防治虫害，减少果实伤口，防治病菌从伤口侵入。早春萌芽前喷 1 次 5 波美度石硫合剂

图 5-9　李褐腐病

或 1∶2∶120 倍波尔多液。谢花后 10 天至采收前交替喷多菌灵、代森锰锌、甲基托布津或百菌清等杀菌剂。果实采收后，可用 500 毫克/千克赛苯咪唑浸果 1~2 分钟，晾干后再装箱贮藏和运输。冬季捡除病果、剪除病枝、清除病叶，集中烧毁或深埋，以减少果园病源。

（三）李袋果病

发生症状：主要为害李、郁李、樱桃李等。病果畸变，中空如囊，因此得名。该病在谢花后即显症，初期圆形或袋状，后渐变狭长略弯曲，病果平滑，浅黄色至红色，皱缩后变成灰色至暗褐色或黑色而脱落。病果无核，仅能见到未发育好的雏形核。枝梢和叶片染病，枝梢呈灰色，略膨胀、组织松软；叶片在展叶期开始变成黄色或红色，叶面皱缩不平，似桃缩叶病。5~6 月，病果、病枝表面着生白色粉状物，即病原菌的裸生子囊层。病枝秋后干枯死亡，翌年在这些枯枝下方长出的新梢易发病。

防治措施：秋末或早春及时剪除带病枝叶，清除病残体，或在病叶表面还未形成白色粉状物之前及早将其摘除，减少病源；早春李树萌芽之前喷 4~5 波美度石硫合剂或展叶前喷 0.1% 硫酸铜溶液均可有效防治该病。

（四）细菌性穿孔病

发生症状：该病可为害枝条、叶片和果实。叶片染病，初期在叶背面产生淡褐色水渍状小斑点，逐渐扩大为圆形至不规则形深褐色病斑，病斑周围有黄绿色晕圈；后期病斑干枯，易脱落，形成边缘不整齐的穿孔。果实发病，初期在果面上产生褐色小圆斑，稍凹陷，后扩大，呈暗紫色，病斑边缘呈水渍状，干燥情况下常出现裂纹，天气潮湿时病斑上分泌出黄白色黏状物（图 5-10）。

图 5-10　细菌性穿孔病

防治措施：加强果园综合管

理，增施有机肥，提高树体抗病力。土壤黏重和地下水位高的果园，要注意改良土壤和排水。选栽抗病品种，进行合理整形修剪，创造通风透光的良好条件。冬季剪除病枝，早春刮除枝干病斑，并用25~30波美度浓石硫合剂涂抹伤口，减少初侵染源。结合修剪，及时剪除病枝，清扫病枝落叶集中烧毁。发芽前喷洒石硫合剂或波尔多液。谢花后用农用链霉素或硫酸链霉素隔15天喷1次，连喷2~3次。也可用代森铵、新置霉素、福美双等在常规浓度下喷洒，果实生长期适当增加药剂防治次数。

（五）李红点病

发生症状：该病为害叶片和果实。叶片发病初期产生橙红色、稍隆起、近圆形病斑，病健交界处界限明显。病斑扩大后颜色加深，病部叶肉变厚、隆起，其上产生许多深红色小点。到秋末，病叶变为红黑色，正面凹陷，背面凸起，使叶片卷曲，并生出黑色小点。发病严重时叶片上密布病斑，叶色变黄，常造成早期落叶。果实上的病斑近圆形，微隆起，橙红色至红褐色。病果多畸形，易脱落。

防治措施：萌芽前喷5波美度石硫合剂。开花后可喷洒0.5：1：100倍波尔多液或琥珀硫酸铜或甲基托布津或代森锰锌进行预防保护。加强果园管理，彻底清除病叶、病果集中烧毁或深埋。秋季翻地春季刨树盘，都可减少侵染来源。注意排水，勤中耕，避免果园土壤湿度过大。

第六节　栽培管理月历

表 5-1　李栽培管理月历表

时间	物候期	主要工作	主要栽培管理技术
11月下旬至翌年2月上旬	休眠期	冬季清园	（1）施基肥：沿树冠滴水线下挖长1~1.5米、宽0.3米、深0.4~0.6米的施肥沟两条，将落叶、杂草、绿肥放入沟底，加15~50千克有机肥和1千克磷肥拌土施入。施肥后整理好树盘；

续表 1

时间	物候期	主要工作	主要栽培管理技术
			（2）冬季清园：清除园地杂草，剪除病虫枝、枯枝、交叉枝、过密枝，刮除老树皮，涂白树干。将清园垃圾带出果园烧毁； （3）全园消毒：用 5 波美度石硫合剂进行全园（包括树体和地面）喷洒消毒
2 月中旬至 3 月下旬	萌芽期 开花期	保花保果	（1）花前肥：在开花前 10 天左右，追施少量速效氮肥，如尿素等； （2）根外追肥：谢花 2/3 后喷施 0.3% 磷酸二氢钾 +0.2% 硼砂 +50 毫克 / 千克赤霉素，谢花后 4 周再喷 1 次； （3）促进授粉：花期放蜂或人工辅助授粉，提高坐果率； （4）病虫害防治：花前喷 3 波美度石硫合剂防治越冬病虫害，盛花期严禁喷洒农药
4 月上旬至 5 月中旬	果实膨大期 枝梢生长期	壮果壮梢	（1）施壮果肥：谢花坐果后施肥，以复合肥为主，可加腐熟的人粪尿、菜枯液等； （2）中耕除草：清除杂草，疏松树盘土壤，用干草覆盖树盘。及时清理排水沟，以防果园积水； （3）夏季修剪：抹除不定芽，剪除过密枝，对过长枝摘心，幼树进行拉枝或吊枝。盛果树须支撑果枝，以防伤树； （4）病虫害防治：4 月下旬喷吡虫啉、阿维菌素、美曲磷酯防蚜虫、桃蛀螟、金龟子等。用百菌清、代森锰锌、农用链霉素防治疮痂病、炭疽病、红点病、穿孔病等； （5）疏果：对花束状结果枝所结的过密果和病虫果应及时疏除，果与果之间不能挨着，以防桃蛀螟

续表 2

时间	物候期	主要工作	主要栽培管理技术
5 月下旬至 7 月上旬	果实膨大期 硬核期 枝梢生长期	壮果壮梢	（1）中耕除草：及时除草，避免杂草与果树争肥，大雨后及时疏松树盘土壤； （2）施肥灌水：在硬核期施一次以钾肥为主的壮果肥，施后灌足水； （3）夏季修剪：对过长枝摘心，对过旺枝扭枝、拿枝、拉枝等，促进次年成花结果； （4）病虫害防治：喷洒扑虱灵、辛硫磷、美曲磷酯防治蚜虫、桃蛀螟等虫害，用速克灵、多菌灵等继续防治穿孔病等病害； （5）采收：用作制李干的原料果可提早采收
7 月中旬至 8 月中旬	果实成熟期	采收	（1）中耕除草：及时除草，保持园地干净，土壤疏松； （2）果实采收：做好采收和贮运工作； （3）病虫害防治：采果后及时捡净园中的病虫果，集中烧毁或深埋，减少病源； （4）施采果肥：采果后及时施以氮为主的速效肥，恢复树势，促进花芽分化
8 月下旬至 11 月中旬	枝梢成熟期 落叶期	冬季清园	（1）修剪：结合清园，剪除病虫枝、过密枝、交叉枝、下垂枝等，剪除后期生长不充实的枝条，将剪下的枝条和落叶清理干净； （2）施基肥：沿树冠滴水线下挖长 1~1.5 米、宽 0.3 米、深 0.4~0.6 米的施肥沟两条，将落叶、杂草、绿肥放入沟底，加 15~50 千克有机肥和 1 千克磷肥拌土施入。施肥后整理好树盘； （3）冬季清园消毒：落叶后进行。把病虫枝和落叶集中烧毁。刮除老树皮，涂白树干。用 5 波美度石硫合剂进行全园（包括树体和地面）喷洒消毒。对有流胶病的果树，用刀片刮尽流胶，用 5 波美度石硫合剂涂抹伤口

6

第六章
樱桃栽培技术

王仁才

　　樱桃是落叶果树中果实成熟最早的树种，自开花至果实成熟，仅需 40~60 天，南方 4 月中下旬至 5 月上旬可成熟上市，为特早熟水果，素有"春果第一枝"美称。果实色泽鲜艳、晶莹美丽，红如玛瑙，黄如凝脂，营养特别丰富，果实富含糖、蛋白质、维生素及钙、铁、磷、钾等多种元素。樱桃属于高档小种类水果，适合城市周边观光采摘园，很大程度上满足了消费者的好奇心，产品不愁卖，销售价格高。5~6 年生果树，单株产量可达 10 千克，产值可达 200 元/株左右，具有较高的经济价值和推广价值。同时，樱桃果实成熟期，正处春末夏初果品市场上新鲜果品青黄不接的时期，填补了鲜果供应的空白，在丰富市场、均衡果品周年供应、满足人民消费需要方面起着重要的作用，鲜食樱桃产业将成为南方地区发展的主要新型特色产业之一。

第一节　主要栽培种类和品种

一、主要栽培种类

　　目前，我国作为经济栽培的樱桃主要有中国樱桃和甜樱桃 2 种，其中中国樱桃常称为"小樱桃",甜樱桃称为"大樱桃"。

（一）中国樱桃

中国樱桃原产我国,为灌木或小乔木。枝干暗灰色,枝叶繁茂;叶片多为卵圆形,薄而柔软,叶色暗绿或鲜绿,叶缘尖,复锯齿:花多2~7朵簇生;果较小,单果重多为1~3克,果色红色或黄色、橙黄色,果柄有长短两种,果皮薄而不耐贮运,果肉多汁;根系较浅,主根较短,须根发达,易发生根蘖,在根颈附近常有气生根环生。

（二）甜樱桃

又称欧洲甜樱桃、西洋樱桃、洋樱桃、大樱桃等。果实个大,直径可达1~2厘米,甚至更大,一般单果重7~11克,有的可达22.5克,果色有红、紫红、黄三种,果形圆形、心脏形或圆卵形;果柄较长;果肉与果皮不易分离,味甜,离核或不离核。甜樱桃主要分布于烟台和大连,一般不宜南方地区栽培。南方地区以选择中国樱桃品种栽培为主。

二、主要栽培品种

（一）短柄樱桃

短柄樱桃果柄短粗而挺直,故名短柄樱桃,为中国樱桃鲜食品质最佳品种之一。势较强,较开张,丰产,稳产,自花结实力强。果大,扁圆形,平均单果重3.13克,肉细汁多,甜酸适度;果皮鲜红或赤红色,半黏核,品质好。4月下旬成熟,成熟期遇雨易裂果,应采取避雨栽培措施。

（二）乌皮樱桃

乌皮樱桃（黑珍珠）。果实中等大,乳头形,平均单果重3.5~4克,最大果重6克。果皮厚,耐贮运性能好。初熟时果皮鲜红色,充分成熟时果皮紫红乌亮,故名乌皮樱桃,也有人将其称为黑珍珠樱桃。果肉淡黄色,可溶性固形物含量17%~22%,离核,肉质细嫩,爽口化渣,味特甜。有香气,品质极上等,是目前中国樱桃中品质最佳的品种。南方多雨地区建议避雨栽培。

（三）红妃樱桃

红妃樱桃是从中国樱桃中选育而成的南方短低温大果型高糖樱桃品种,

也是目前唯一适合南方地区的大果型樱桃品种。"红妃"的选育成功，结束了南方没有樱桃的历史。红妃樱桃树幼树生长较旺，结果后树势中庸。成花极易，丰产性极好。自花结实力强，花期抗晚霜能力强，花期遇雨也能完成结实。

（四）南早红樱桃

南早红樱桃为最新培育的南方短低温樱桃新品种，树势中等，生长势中庸，树冠前期较直立，结果后陆续开张。一年生苗木定植当年即可形成大量花芽，翌年开花结果，早果性好。多年生枝连续结果能力较强，较稳产。叶片椭圆形，叶色浓绿色，大小有普通中国樱桃叶片的 1.5~2 倍。需冷量不足 300 小时，非常适合南方露地栽培。南早红果实较大，扁圆球形，平均单果重 4.3 克，比中国红樱桃和乌皮樱桃果实大。果肉细而多汁，含可溶性固形物 18%，品质极上，充分成熟时几无酸味。

（五）中国红樱桃

中国红樱桃果实近圆形，平均单果重 4 克，最大果重 8 克，果皮近成熟时黄色，以后逐渐变红色，成熟度越高色泽越红。果肉黄色，可溶性固形物含量 16%，离核，味浓甜微酸，品质佳。抗逆性强，自花结实，丰产性好，也是乌皮樱桃很好的授粉品种。比乌皮樱桃早熟 5~7 天。需冷量 100 小时左右，适应性极强，是南方露地栽培的理想品种。

（六）矮樱桃

矮樱桃果个大，平均单果重 2.94 克，每千克 340 粒左右，圆球形，深红色，有光泽，外形美观。果肉淡黄色，可食率高，质地致密，风味香甜。在山东莱阳 5 月中旬成熟。树体紧凑矮小，为普通型中国樱桃树冠的 2/3，扁圆形。树势强健，树姿直立，枝条粗壮，节间短。叶片大而肥厚，椭圆形，叶色浓绿，有光泽。

第二节　生物学特性

櫻桃喜光，在种植中要注意适度栽植并注意整形修剪，以保证充足的光照条件。櫻桃根系较浅，抗干旱能力差，吸收旺盛，需氧量高，又不耐涝。在管理上应根据其不同时期的需要适时灌溉及控水。櫻桃的结果枝可分为长果枝、中果枝、花束状和花簇状果枝。由于品种和树龄的不同，树冠内各类型结果枝比例也有差异。櫻桃枝干的寿命为 10~15 年，由于易发根蘖，可继续更新树冠。櫻桃花芽分化期间，如营养条件不良，会影响花芽质量甚至出现雌能败育花，导致不能正常坐果。櫻桃一般定植后 4~5 年开始结果，约 15 年进入盛果期，经济结果年限可延续 20 年以上。

一、生长结果习性

（一）生长习性

櫻桃树体为灌木或乔木型。中国櫻桃多为矮小的灌木或小乔木，干性弱，株高一般 2.5~3 米，寿命 10 余年。但因其萌蘖力强，能通过根蘖不断更新根冠，其整株寿命可延长至 30 年。甜櫻桃树体高大，干性强，层性明显，树高达 10 米以上。櫻桃芽为早熟性芽，萌芽力与成枝力强，一年多次抽梢。但种类间差异大，甜櫻桃相对来说，则萌发芽力与成枝力较弱，一年抽梢次数较少，故枝梢较稀疏。

（二）结果特性

中国櫻桃开花期最早，甜櫻桃次之，酸櫻桃较晚。中国櫻桃花期较甜櫻桃早 20~25 天，较杏及奈李略早，在湖南长沙，一般 2 月下旬至 3 月上旬花冠开花。中国櫻桃自花结果实率高，甜櫻桃大部分品种则具有明显的自花不实性，需要异花授粉，配置授粉品种。櫻桃果实生长发育期短，一般仅 30~50 天。其生长规律与桃李相似，为双 "S" 形生长曲线，可分为幼果迅速生长期（胚乳形成期）、果实缓慢生长期（硬核期）和果实迅速生长期（胚充实期）三个时期。以第一个时期经历时间最长，可达 22~24 天；其次第

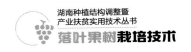

二个时期，为 10~16 天；第三个时期较短，10 天左右。大部分樱桃品种在果实成熟前遇雨易发生裂果现象，栽培上要注意防止裂果，发展抗裂果新品种。

二、要求的环境条件

（一）温度

樱桃适于在年平均气温为 12℃以上的地区栽培。一年中要求日平均气温在 10℃以上的时间为 150~200 天。因为樱桃营养生长期较短，果实成熟期早，果实生长发育和新梢生长都集中在营养生长的前期。这一时期需要有较高的气温，以满足樱桃生长的要求。樱桃是耐高温的树种，但夏季的高温干燥对樱桃生长不利。冬季低温达—20℃时，树干会冻坏。

（二）土壤

樱桃适宜于土层深厚，土质疏松，通气良好的砂质壤土或壤土上栽培。在排水不良和黏重土壤上栽培，表现树体生长弱，根系分布浅，既不抗旱涝，又不抗风。樱桃对土壤盐渍化的反应，除酸樱桃适应性稍强外，其余的品种都很敏感。因此，在盐碱地上不宜栽培樱桃。适宜樱桃生长发育的土壤酸碱度为 pH 值 5.6~7。

（三）水分

水分是樱桃正常生长发育必不可少的条件。土壤湿度过高时，常引起枝叶徒长，不利于结果；土壤湿度低时，尤其是夏季干旱，供求不足，新梢生长则会受到抑制，引起大量落果。若土壤水分过多，会造成土壤中氧气不足，防碍根系的正常呼吸作用，严重时烂根，地上部流胶，导致树体衰弱死亡。若土壤水分不足，常引起树体早衰，形成"小老树"，产量低，果实品质差。夏季干旱，会引起严重落果。如在果实发育期遇到干旱、无灌溉条件的樱桃树，落果在 47% 以上，不但影响了当年的产量，而且果实小，畸形果多。因此，在常有春旱的地区，樱桃果实发育期应注意灌水。

（四）光照

樱桃是喜光树种。在管理条件、光照条件良好时，树体健壮，果枝寿命长，花芽充实，坐果力高，果实成熟早，着色好，果实糖度高，酸味少。相反，光照条件差，树冠外围枝梢易徒长，冠内枝条弱，果枝寿命短，结果部位外移，花芽发育不充实，坐果力低，果实成熟晚，果实品质差。因此，建立樱桃园必须在光照条件良好的阳坡或半阳坡，同时采取适宜的栽植密度和整形修剪，使其通风透光良好。

第三节　樱桃园的建立

一、园地的选择与建立

（一）园地选择

本着因地制宜、适地适树的原则，选择背风向阳、有机质含量高、土层深厚、排灌方便、地下水位低的沙壤、壤土或轻黏土建园。做好园地规划，建设好排灌系统、道路和防护林。樱桃属于蔷薇科落叶果树，适宜在黄河流域及长江流域温暖而润湿气候环境下栽培。建园时应选择土壤肥沃疏松、土层深厚、排灌条件良好、pH 值为 6.0~7.5 的砂壤土。重黏土不适宜种植樱桃。中国樱桃不耐贮运，应在交通方便的地方建园。

（二）合理建园

建园时，应注意以下几点：①鉴于大樱桃抗涝性差及区域降雨量较大等特点，建园时应注意起垄栽培，一般垄顶宽 80 厘米，垄底宽 200 厘米，垄高 60 厘米。②建园时，土壤中需按 2500~3000 千克/亩混入充分腐熟的有机肥及适量化学肥料，以增加土壤有机质含量，减轻土壤碱性对树体生长的不利影响。③起垄后至定植前，垄体需浇水沉实，防止定植苗木后因土壤下沉而倾斜，给后续管理造成不便。④对于较大的园区要对其进行规划，将果园划分成几个作业小区，要有贯通全园的道路，有防护林，有排灌系统及机械化喷药设备。

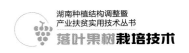

二、栽植

肥水条件好的平地，可采用"Y"形整形，按株行距 1 米×3 米进行密植；若采用丛状形或开心形整形，可按株行距（2~3）米 ×（3~4）米栽植。一般分为秋季和春季两个时期栽植。在冬季寒冷、干旱、多风的地区宜春栽，春栽应在苗木发芽前进行。在冬季温暖的地方以秋栽成活率较高。樱桃栽植方法有挖穴栽植和起垄栽植两种。①挖穴栽植。山地果园以及平地砂壤土地块，采用挖穴栽植。按照株行距测定好栽植点，挖长宽各 1 米、深 60~80 厘米的定植穴。每穴将 40~50 千克腐熟农家肥与坑土混匀全部填入穴中，再依苗木根系大小挖小穴栽植。②起垄栽植。土质黏重的平地和容易积水的低洼地要起垄栽植，以利排水防涝。按行距施入腐熟农家肥，起垄，垄宽 80~100 厘米，垄高 30~40 厘米。然后按株距将苗木定植于垄中央。栽苗后立即浇水，水渗入后覆土封穴，覆盖地膜。定干，高度 50~60 厘米，用动物油、油漆、石蜡等涂抹剪口。

第四节　土肥水管理

一、土壤管理

中国樱桃根系主要分布在 20~40 厘米的土层中，防止干旱和涝害是土壤管理的关键。定植第 1 年开始，要通过扩穴改土、中耕除草、果园覆盖等方式改良土壤并适时松土保水、保墒。扩穴改土时间为每年的 9~10 月，在株间开挖壕沟进行扩穴，一层基肥，一层土壤；每年中耕除草 2 次，夏季 6~7 月割草压青，增加土壤水分和有机质；秋季 9~10 月全园铲除杂草，结合秋施基肥和深翻扩穴埋入底层。

二、施肥

1. 基肥

3 年以下的幼树，每 6 亩混合施入腐熟农家肥 1500~2000 千克（或商品有机肥 300 千克）、尿素 5 千克、过磷酸钙 40 千克。4~6 年生初果期的樱桃树，每亩混合施入腐熟农家肥 2500 千克（或商品有机肥 350 千克），过磷酸钙 50 千克、尿素 6 千克、硫酸钾 5 千克，硼砂和硫酸亚铁各 2 千克。7 年生以后的盛果期树，每亩混合施入腐熟农家肥 3000 千克（或商品有机肥 400 千克）、尿素 10 千克、过磷酸钙 50 千克、硫酸钾 5 千克，硼肥和硫酸亚铁各 3 千克。

2. 追肥

按"前促后控，少量勤施"的原则，3~7 月每月施肥 1 次，每次株施以氮肥为主的复合肥 0.1~0.15 千克，第 2 年施肥量比上年增加 50%~100%。初果期树分别于花期和采果后 10 天内各追肥 1 次。花期每 6 亩混合施入尿素 15 千克、硫酸钾 25 千克。采果后 10 天内施入尿素 15 千克和硫酸钾 15 千克，并深锄浇水，以后控制旺长，不再施肥。盛果期树开花期每亩施尿素 11~12 千克、硫酸钾 6~8 千克。果实膨大期施尿素 12 千克、硫酸钾 8 千克。采果后，施尿素 8 千克、硫酸钾 4 千克。

三、水分管理

中国樱桃根系分布较浅，既不抗旱，又不耐涝。在梅雨季节，挖沟排水防止涝害是主要工作；在秋季干旱时，可结合秋季施肥进行适当灌溉。重点是抓好萌芽前、硬核期、采后保叶时的土壤含水量，尤其在樱桃果实硬核期至第 2 次快速膨大期，要使 10~30 厘米范围内的土壤含水量稳定在 12% 左右，以免影响果实膨大，防止裂果。樱桃不耐涝，在建园和生产中，应特别注意地块的排水条件，避免涝害。

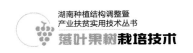

<h1 style="text-align:center">第五节　树冠管理</h1>

一、整形修剪

（一）整形

（1）开心形。树体无中心干，主干高 30~40 厘米，3~4 个主枝，开张角度 30°~40°，每个主枝上留有 2~3 个侧枝，向外侧伸展，开张角度 70°~80°，主枝和侧枝上再培养大小不同的结果枝组，树高控制在 3 米左右，树冠呈扁圆形或圆形。

（2）丛状形。无主干或主干极矮，从近地面处培养 5~6 个斜生主枝，向四周开张延伸生长，每个主枝上有 3~4 个侧枝。结果枝着生在主、侧枝上。主枝衰老后，利用萌蘖更新。此树形的枝干角度较开张，成形快，结果早，但树冠内部易郁闭。

（3）"Y"形。此树形南北行向，每株两个主枝对称向行间延伸。通风透光好，成花结果容易，适宜密植，管理方便，果实质量好。整形期间需要设支撑架固定绑缚。

（二）修剪

幼龄树以扩大树冠，培养骨干主枝为主。树体萌芽前进行轻剪。夏剪采取缓放、摘心、打顶、扭梢、拉枝等措施，开张骨干枝角度，扩大树冠，促进早结果。初结果树通过开张骨干枝角度，扩大树冠，培养健壮的结果枝组，疏除过密枝，缓放中庸枝，完成目标树形的培养，促进早产、丰产。盛果期树修剪要注重结果枝组的回缩更新，控制树高，改善树冠通风透光条件，防止结果部位外移，维持树势中庸，延长盛果期年限。

二、花果管理

（1）预防霜冻。加强果园土肥水管理，增强树势；萌芽前果园灌水和树体喷水，延迟萌芽开花时间；在晚霜到来之前，堆草熏烟驱寒。

（2）花期喷肥。喷施 0.3% 尿素 +0.3% 硼砂 +600 倍液磷酸二氢钾，可显著提高坐果率。

（3）疏花疏果。在花蕾期和生理落果后，疏除弱小、发育不良的花蕾及幼果，每个花束状果枝上留4~6个果实，提高品质。

（4）防止和减轻裂果。可架设遮雨帐篷，保持相对稳定的土壤湿度，防止和减轻裂果。果实成熟后及时采收。

第六节　病虫害防治

一、主要虫害及其防治

（一）种类与发生规律

1. 蛀干类害虫

蛀干类害虫中在树干外部为害的主要是介虫，包括桑白介、梨圆介、苹果球坚介等，其中以桑白介为主要危害种。它主要以雌虫和若虫群集固定在枝条或树干上刺吸汁液，有时也在果实和叶片上为害。为害严重时介壳虫体密集重叠，在枝干表面形成斑驳的白色涂层，导致树势衰弱，花芽、叶芽不萌发，甚至部分枝条或全株死亡。蛀干类为害树干皮层的害虫有桃小蠹蛾、桃红颈天牛、透翅蛾等，其中桃小蠹蛾分布较为广泛。桃小蠹蛾成虫先在2~3年生健壮枝上蛀孔，后转移到衰弱枝干的皮层上蛀洞。在健壮枝上蛀食为害后形成小孔，从孔内流出汁液，造成枝干流胶。在衰弱枝干上为害时，于韧皮部与木质部之间蛀食形成纵向母坑道，并在母坑道两侧产卵百余粒，卵孵化为幼虫后分别在母坑道两侧横向蛀食子坑道，形成梳子形状的为害状，造成枝条干枯死亡。

2. 蛀果类害虫

在蛀果类害虫中果蝇是为害樱桃的重要害虫，分别是黑腹果蝇、伊米果蝇、斑翅果蝇（即铃木氏果蝇）、海德氏果蝇，其中，以黑腹果蝇为优势种。

105

果蝇为害樱桃时，以雌成虫将卵产在成熟或接近成熟的樱桃果皮下。待 1~2 天卵孵化后，蛆式幼虫先为害果实表层，然后向果心蛀食。随着幼虫的蛀食，受害果逐渐发软，表皮呈现水渍状，进而果肉变褐，最终导致整个果实软化，进而腐烂。一般幼虫在果内蛀食 5~6 天便发育成老熟幼虫，咬破果皮后脱果，脱果孔 1 厘米左右。1 个果实被蛀后，表皮上往往留有多个虫眼。

3. 杂食性害虫

杂食性害虫主要包括金龟子类和蝽类。金龟子主要有苹毛金龟子、黑绒金龟子、铜绿金龟子等，蝽类主要有绿盲蝽、茶翅蝽、梨网蝽、黄斑蝽等。而绿盲蝽除为害樱桃果实外，还是樱桃生长前期的重要防治对象。金龟子类一般 1 年发生 1 代，以成虫在土中越冬。3-4 月出土为害叶片，开花前危害花蕾，花期为害柱头、花瓣等，常将雌蕊全部吃光，影响坐果。5~6 月入土产卵，幼虫可为害根系。绿盲蝽 1 年发生 3~5 代，多数以卵在枝节鳞片内、老枝剪锯口以及豆科、蒿类植茎上越冬，少数以成虫在裂缝及杂草中越冬。

（二）综合防治方法

（1）对于新建果园，最重要的是清除害虫源头。介壳虫类主要通过接穗和苗木传播，因此，在运输及嫁接过程中应加强检疫工作，严防带虫的苗木及接穗进入栽培区。对于小蠹蛾，在果园周边禁止栽植其易为害的树种，如杨树、榆树等，防止扩散传播。为了防治果蝇，在种植樱桃时，合理搭配早中晚品种，并且加大早熟品种比例。

（2）加强肥水管理，增强树势，培养壮树，可提高树体抗性，减少为害。与冬季修剪相结合，查找或诱集介壳虫、桃小蠹蛾寄生严重的枝条（主要是 2~3 年生枝条），直接剪除并集中烧毁。另外，介壳虫在树表皮为害，发现为害时，可用硬刷直接刷掉，还可以在冬季往树上喷洒清水，待结冰后用木棍敲打或振动树枝，使冰与虫体一起掉落。

（3）物理防治。利用趋光性，悬挂杀虫灯；或者利用其对糖醋的趋性，配制糖醋液。糖醋液诱杀对于蠹蛾、果蝇均有效。此外，武海斌等研究表明黑板和绿板诱集果蝇效果明显。

（4）化学防治。找到防治的关键时期，合理施药。防治桑白介的关键时期为花芽萌动期、若虫孵化期和羽化期3个时期。其中前2个时期是药物防治介壳虫的最佳时期，这时可选用毒死蜱乳油、吡虫啉或阿维菌素等低毒农药防治。桃小蠹蛾用药关键时期为成虫羽化期。因不同地区发生代数不一，持续时期长短不同，可用菊酯类杀虫剂（高效氯氰菊酯、氰戊菊酯）每间隔20~30天交替施用，持续喷药8月至9月下旬。

二、主要病害及其防治

（一）种类与发生规律

1. 流胶病

樱桃流胶病多发生于主干、主枝，有时小枝也会发病。当枝干出现伤口或者表皮擦伤时尤为明显。发病初期，感病部位略微膨胀脓肿，逐渐渗出柔软、半透明状黄白色树胶。树胶与空气接触后变成红褐色，然后逐渐呈茶褐色，最终干燥后成黑褐色硬块。流胶病严重时发病部位树皮开裂，皮层和木质部变褐坏死，导致树势衰弱，花、芽、叶片变黄干枯，甚至整株枯死。真菌侵染后，春季发病，6月上旬逐渐严重，雨季来临时，加重病害的传播。细菌侵染一般发生在晚秋和冬季。6℃即可侵染，12~21℃为侵染盛期。枝条或伤口感病后，病部向果枝基部逐渐扩展，导致果枝枯死，然后向树干蔓延。翌年春季枝条萌芽后，感病部位流胶，形成溃疡组织。

2. 根癌病

该病由根癌土壤杆菌引起，可以为害几乎所有樱桃砧木品种。病害主要发生在根颈部及侧根，甚至根颈的上部。病菌在发病组织和土壤中越冬，随降雨、灌溉、苗木移植进行传播。病菌从植株伤口（如嫁接口、机械伤口、虫咬伤口）侵入，感病部位受到刺激后增生肥大，形成形状不定、大小不等、数量不一的病瘤肿块。病瘤初期为肉质、乳白色或略带粉红色，表面光滑且柔软；随着时间的推移，瘤状物逐渐变褐、变黑，散发出腥臭味，同时质地变硬，出现龟裂。感病后，由于植株根部输导组织受到影响，水分、养

分运输受阻，植株侧根和须根减少，导致树体衰弱，寿命缩短，严重时树体干枯死亡。

3. 褐斑病

褐斑病主要为害樱桃叶片，也为害新梢和果实。该病主要由真菌侵染所致，其病原菌已经基本确定。病菌主要侵染叶片或枝梢，在感病组织内主要以菌丝体或分生孢子器越冬。翌年春天，樱桃展叶抽条后，随着雨季的来临，分生孢子借助风雨从自然孔口或伤口侵入新梢或叶片（尤其是老叶片）。发病初期，在叶片上形成针头大小紫色斑点，接着逐渐增厚增大，成为圆形褐色斑，发病后期，病斑逐渐干燥收缩，与周围健康组织分离形成孔洞。一般 5~6 月开始发病，7~8 月发病最重，如果当年雨水较多，容易造成病害流行。

4. 皱叶病

感病后，樱桃叶面表现粗糙的同时，颜色变浅，叶边缘变形或叶子变窄。果实发育缓慢甚至畸形，从而导致产量下降。轻度皱叶病的表型不稳定。

（二）综合防治方法

建园时，为防止树体营养失衡，树势减弱，应选择排水较好的砂质壤土地，不宜选择酸性土壤。其次选择抗病性强的砧木，做好苗木消毒工作。在修剪时，一次修剪不宜过重。避免出现大的剪锯口，及时涂抹保护剂，减小感病概率。相对于虫害的防治，病害防治方法以化学防治为主，石硫合剂、波尔多液对于细菌、真菌都有效。针对细菌性病害，防治药剂可选铜制剂和农用链霉素。防治时期重点在越冬与侵染阶段。在秋季落叶后至萌芽前，树体喷洒波尔多液。谢花后到果实采收前，及采收后可喷施 2~3 次杀菌剂。喷药时要注意天气对药效的影响。在雨前选择保护性杀菌剂如代森锰锌、百菌清等；雨后选择内吸性杀菌剂如异菌脲、戊唑醇等，以保证药效。

第七节　栽培管理月历

表 6-1　樱桃栽培管理月历表

月份	物候期	工作内容
1 月	休眠期	（1）继续完成冬季修剪与清园； （2）巡查果园，注意防寒； （3）开沟、清沟
2 月	萌芽开花期	（1）开花前喷药，主要防治桑白介、球坚介、金龟子、舟形毛虫、草履介、褐斑病、果腐病等病虫害； （2）疏花：疏花在开花前至花期进行，主要疏除内膛弱枝上的花蕾； （3）花期授粉：人工授粉或放蜂授粉
3 月	幼果期	进行花后喷药及叶面追肥。主要防治果腐病、褐斑病、叶斑病、细菌性穿孔病，舟形毛虫、桑白介、红蜘蛛、蚜虫等病虫害；增施磷钾肥
4 月	果实膨大期	（1）土壤追肥； （2）生理落果结束后进行疏果，疏去小果、畸形果
5 月	果实成熟期	（1）果园覆草，改良土壤理化性状，提高土壤肥力； （2）采收后树冠喷药与叶面肥。主要防治叶片病害、枝干病害、食叶害虫等虫害
6 月	树新梢停长期	（1）树上喷布 1∶1∶200 波尔多液，防治枝干和叶部病害； （2）排水防涝，严防雨后树盘积水，造成涝害； （3）疏除直立旺梢，继续短截原截新梢（最晚不能迟于6月下旬），促进花芽分化
7~9 月	树新梢停长及花芽分化期	（1）拉枝开角，开张大枝角度，疏除个别严重影响树体结构的大枝，改善风光条件； （2）树盘覆盖保水与及时灌水抗旱； （3）叶面喷药与叶面施肥； （4）芽接，进行品种改良

续表

月份	物候期	工作内容
10月	开始落叶期	（1）秋施基肥，以有机肥和生物有机肥为主； （2）土壤深翻。可结合秋施基肥同时进行。土壤深翻，黏重土壤掺沙改土，提高土壤的通透性，改善土壤的透水性和保水性
11月	落叶期	（1）秋季继续施基肥； （2）开始冬季修剪与冬季清园，树干涂白，杀虫防寒
12月	休眠期	（1）冬季修剪； （2）冬季清园，清除树干草环，集中烧毁； 清理果园，减少虫源；树干涂白，树冠喷石硫合剂等药剂； （3）涂白剂配方：生石灰10份，石硫合剂2份，食盐2份，黏土2份，水40份，再加点杀虫剂； （4）熬制石硫合剂的原料比例：石灰∶硫黄∶水=1∶2∶10

第七章
蓝莓栽培技术

曾　斌　何科佳

第一节　概　　述

一、基本知识

　　蓝莓是一种新兴的世界性小浆果类果树，英文名 Blueberry，是中国对原产北美的杜鹃花科（Ericaceae）越橘属（*Vaccinium*）植物中蓝果类型的俗称。"蓝莓"这个名称 1998 年最早见于国内文献材料中，1999 年在期刊中正式使用该名称，不同时间和地点使用"蓝浆果""越桔""越橘"等不同的名称。经过分类学研究和习惯统一，中国蓝莓的概念范畴是包括目前主栽原产北美的高丛蓝莓、矮丛蓝莓、兔眼蓝莓和原产中国的笃斯越桔（橘），以及少量进口欧洲越橘（Bilberry）的果实和植株，与之相关的名称包括蓝莓、blueberry、越桔、越橘、蓝浆果、笃斯越桔（橘）。"越橘"是欧洲语言，为杜鹃花科属植物，灌木，多年丛生，树高 0.3~5 米。蔓越橘和红豆越橘树高仅 0.3 米，矮丛蓝莓树高达 0.5~1 米，如欧洲越橘、笃斯越桔。其他蓝莓种类都高于 1 米以上。其实"莓果"在园艺学上特指果实为聚合果类型，如草莓、黑莓、桑葚等。蓝莓为单个浆果，与众不同，所以有人又称其为蓝浆果。蓝莓果实中间有个五角星的花萼，因此早期北美洲人又称其为"星星果"。

越来越多的研究证明蓝莓是有益于身体健康的。日本科学家和波斯顿的美国农业部人类老年营养中心试验结果表明，蓝莓提取物能提高视力、缓解眼睛疲劳、提高记忆力。美国最有影响的健康杂志《prevention》称蓝莓为"神奇果"。目前蓝莓鲜果和加工产品被作为高档保健食品，售价高但仍供不应求。随着经济的发展和人民生活水平的提高，蓝莓以其独特的保健营养价值，越来越受到人们青睐。

二、蓝莓的利用与栽培历史

（一）蓝莓资源开发利用

人类对蓝莓的利用起始于几个世纪之前的印第安人。北美洲印第安人用火烧掉多余的灌木和杂草，让蓝莓生长得更好。到18世纪末，从欧洲移民到美国东北部的移民者们不断地用烧地的方法大规模烧荒，使得蓝莓生长旺盛，产量增加。到19世纪中后期，蓝莓产业开始快速发展。20世纪30年代世纪经济大萧条，冲击到整个产业，整个蓝莓产业走下坡路。在第二次世界大战以后，蓝莓产业开始重新发展起来，部分原因是美国新泽西州和密歇根州高丛蓝莓人工栽培的兴起，大大刺激了蓝莓鲜果的需求，使得野生蓝莓经营者不得不集中力量投入到加工和市场销售上，同样推进了冷藏和运输业全球化。目前，全世界各地都能找到蓝莓鲜果和加工产品。

（二）蓝莓栽培与发展历史

蓝莓原产于北美。19世纪末在佛罗里达最先开始野生蓝莓品种的收集和栽培，自1908年美国的考卫尔（Covile）博士选出第一个高灌蓝莓优系布鲁克斯（Brooks），蓝莓品种选育才真正进入了一个有计划的快速发展阶段，蓝莓新品种也开始大规模的种植。20世纪初开始，蓝莓从北美传到世界各地，20世纪80年代才传到中国。20世纪30年代末到80年代初，新品种不断推广应用，推动了美国蓝莓产业的迅猛发展，也带动了世界蓝莓产业的迅猛增长。20世纪90年代，全世界的蓝莓种植面积继续猛增，美国和加拿大是全球人工栽培最早、面积最大的区域。从世界蓝莓产业的发展来看，

1982 年至 1992 年世界蓝莓的栽培总面积从 14666 公顷增加到 21900 公顷，1992 年至 2001 年的 10 年，是世界蓝莓种植增长最快的时期，其中美国增长 10.13%，加拿大 31.2%，欧洲达 126.42%。2002 年至 2004 年世界种植保持平稳态势。2005 年之后发展再次加速，到 2012 年种植面积达到 117372 公顷。据联合国粮农组织统计，到 2012 年全球超过 35 个国家种植蓝莓，其中北美洲的种植面积为 64098 公顷，占全球总面积的 55.08%；其次南美洲面积为 20654 公顷，占 17.7%，南美洲主要集中在南纬 27°~42° 的国家，其中以智利和阿根廷的产量和栽培面积最大。欧洲居第三位，面积为 15125 公顷，占 13%，遍布 16 个国家和地区。亚洲的蓝莓种植始于 20 世纪五六十年代，种植区域主要集中在日本、中国和韩国，到 2012 年总面积为 13510 公顷，占全球总面积的 11.6%。到 2015 年止，全球蓝莓总面积超过 15 万公顷。2005 年至 2012 年，全球蓝莓的产量由 26 万吨上升到 51 万吨，年均增长率达 14%。2010 年美国和加拿大产量约 27 万吨，占世界总产量的 69%，到 2012 年产量达到了 32.6 万吨，占世界总产量的 63.9%。近年来蓝莓的种植面积及产量大幅上升。到 2015 年，全球总产量达 50 万吨以上。

我国对蓝莓的引种栽培始于 1983 年，由吉林农业大学郝瑞教授从北美引进矮丛蓝莓开始栽培试验。1998 年，佟立杰先生开始考察国内蓝莓栽培可行性，并与吉林农业大学合作，实现蓝莓组织培养工厂化生产。南方由中国科学院植物研究所贺善安研究员等于 1987 年从美国引进兔眼蓝莓在南京试种。2000 年 3 月，贵州省科学院聂飞研究员引进兔眼蓝莓 6 个品种在麻江县试种，2003 年在麻江建立示范园 200 亩，之后逐渐在南方省份扩大。2000 年，吉林农业大学技术支持山东青岛胶南建立国内第一块蓝莓产业化生产基地，开始了国内蓝莓产业化种植，两年间面积达 33.3 公顷。

我国蓝莓产业发展前期速度较慢，2007 年，全国栽培面积 1323 公顷，产量 390 吨；其后发展迅速，截止到 2014 年，全国已经有 20 多个省市区开展蓝莓产业化种植和试种，栽培面积达到 2 万公顷，产量超过 1.5 万吨。最新统计表明，全国蓝莓栽培面积从 2001 年的 24 公顷增加到 2017 年的

46891 公顷，总产量从 0 增加到 114918 吨。北起黑龙江，南至海南，东起渤海之滨，西至西藏高原，全国规模化种植的省份和直辖市达到了 27 个。其中，山东省、贵州省和辽宁省蓝莓规模化种植最早，也是目前我国栽培面积和产量位列前三甲的省份。2015 年之前，山东省栽培面积和产量一直位列全国第一位。由于贵州政府扶持力度加大，近五年来栽培面积迅速增加，到 2017 年达到了 1.3 万公顷，位列全国第一位，产量达到了 3 万吨，跃居全国第一位。2017 年，辽宁省栽培面积 5000 公顷，列全国第二位，山东省 4667 公顷，山东省和辽宁省 2017 年产量均为 1.5 万吨，并列全国第二位。近几年来，江苏、湖北、四川、云南由于特殊的地理条件和果实品质优势，栽培面积快速增加。而种植最早的吉林省发展速度较为缓慢，2017 年栽培面积仅为 1994 公顷，产量 2800 吨，位列全国第十位。

国内蓝莓规模化基地露天生产中，山东果实集中成熟期在 6 月上旬至 7 月底，辽宁 6 月下旬至 8 月上中旬，吉林在 7 月初至 8 月底，贵州种植类型为兔眼蓝莓，成熟期和山东重合。浙江、安徽、湖北等地，集中成熟期在 5 月中旬，湖南、江西、广西等地可提至 5 月上旬，云南由于海拔差异大造成很大的成熟期差异。在辽宁、山东等地，日光温室和大棚生产，可使果实成熟期明显提前，温室生产果实成熟期在辽宁可提早至 4 月上旬。

不同区域露地生产与温室和冷棚生产相结合，目前我国实现了 3 月中旬至 8 月中旬 5 个月的鲜果供应期。果实早熟、果实品质佳这一因素使得西南产区，特别是云南，成为目前我国利用地域优势实现蓝莓早熟的主要区域。实际上，尽管在云南地区具有比较零星的果实 3 月份成熟的状况，但是，这种早熟是由前一年的二次开花结果来实现，并不能实现批量生产。因此，辽东半岛能够实现日光温室 3 月中旬批量生产仍然具有不可替代的优势。在晚熟方面，南方产区利用兔眼中的晚熟品种实现 8 月份果实成熟，由于果实品质差在鲜果市场缺乏竞争力。而北方的长白山区利用区域优势和辽东半岛利用晚熟品种如"晚丰"实现的鲜果晚熟依然不可替代。

第二节　蓝莓的生物学特性

一、形态特征

　　蓝莓多数为灌木，稀为小乔木。因种类不同，蓝莓植株的高度往往有较大差异，高丛蓝莓树高一般在 2 米左右，最高可达 7~8 米，矮丛蓝莓树高大多在 1 米以下。蓝莓常绿或落叶，单叶互生，叶全缘或有锯齿。花冠常呈坛形或铃形。花瓣基部联合，外缘 4 裂或 5 裂，白色或粉红色。雄蕊为 8~10 个，嵌入花冠基部围绕花柱生长，较花柱短，由昆虫或风媒授粉，花序多为总状花序。多数品种果实成熟时呈蓝黑色（图 7-1），有的品种为红色，果实形状有球形、椭圆形、扁圆形或梨形等。平均单果重为 0.5~2.5 克，果肉细软，多浆汁，内含较多且细的种子。根系多而纤细，无根毛，分布浅。

　　蓝莓花序总状或圆锥状（图 7-2），通常由 7~10 朵花组成，花两性，腋生，辐射对称或两侧对称，花萼 4~5 裂、宿存，花冠白色，雄蕊为花冠裂片的 2 倍，花药孔裂，子房下位，中轴胎座，浆果。大多数种类的蓝莓为落叶性，少数为半常绿。叶互生，稀对生或轮生，长圆形至卵形，边缘多数具齿，无托叶。叶片大小因种类不同而有差异：高丛蓝莓的叶长可达 8 厘米，矮丛蓝莓的叶长一般小于 1 厘米，兔眼蓝莓的叶片介于高丛蓝莓与低丛蓝莓之间。

图 7-1　蓝莓果实

图 7-2　蓝莓花朵

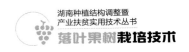
二、生长、开花和结果习性

蓝莓根在土壤中的伸长范围比较窄，基本与树冠大小一致。研究表明，根的生长高峰有 2 个，第 1 次生长高峰是在 6 月上旬，第 2 次生长高峰是在 9 月的第 2 周。这两个高峰期的地温在 14~18℃。高于或低于这个温度范围，根的生长发育减弱直至停止生长。幼年期的蓝莓根系不发达，根细弱，根毛少，根与根常交织在一起，在土壤中的伸展较狭窄，一般不超过树冠的投影范围。

蓝莓的萌蘖能力较强，其树冠主要由植株基部萌生的枝干构成，成年灌丛的直径多为 3~4 米。花芽形成于新生枝条的上部，一般在新梢长 1~2 厘米时开花，新梢伸长 3~5 厘米，并有 3~5 个叶片时，达到盛花期。多数新梢从 6 月中旬到 7 月上旬为第 1 次伸长生长期，当新梢先端叶腋处着生的小叶片变黑，并干枯萎蔫之后约 2 周，干枯的小黑叶片脱落，这个时期即为新梢停止生长期。在黑色小叶片脱落 2~5 周后，从营养芽再萌发出新梢，这是第 2 次新梢伸长生长。新梢伸长生长有 2 个高峰期，其中最主要的时期是 6 月上中旬至 7 月上中旬，所形成的是夏梢，此后伸长生长暂时停止。夏梢上的营养芽可在当年秋天萌发而长出秋梢。兔眼蓝莓的枝梢还可有第 3 次生长高峰。花芽分化始于新梢的第 1 次停长，持续期较长，可至 9 月上中旬。

在我国南方，蓝莓一般在 3 月下旬至 4 月上旬开花，4 月中下旬达盛花期。花期一般 15~20 天，最长达 40 天。蓝莓多为异花授粉，高丛蓝莓可以自花授粉。高丛蓝莓自交可孕，但可孕程度因品种而异，且异花授粉可大大提高结实率；而兔眼蓝莓和矮丛蓝莓一般自交不孕。蓝莓的花受精后，子房迅速膨大，约持续 1 个月。之后，浆果停止生长并保持绿色，持续约 1 个月。然后浆果的花托端变为紫红色，而绿色部分呈透明状。当浆果进入变色期与着色期，增大迅速，果径可增长 50%。之后，浆果还能再增长 20%，且甜度和风味变得适中。同一果穗上的果实不同时成熟，以顶部、中部的果实先熟，成熟时间一般在 6~8 月。同一品种和同株树上的果实成熟期一般持续 30 天左右。在贵州麻江和江苏南京，兔眼蓝莓早熟品种 6 月中旬开始成熟，晚熟品种 7 月上中旬开始成熟。

　　蓝莓盛花后 70~90 天果实成熟，是较典型的夏季水果。成熟的果实，颜色多为深蓝色，纵径为 0.8~1.5 厘米、横径为 1.5~2.0 厘米，单果重一般为 1.5~2.0 克，果实更大些的高丛蓝莓单果重也不大于 5 克。果实在开花后 2~3 个月成熟，果实内含有多粒种子。果实表面蜡粉明显，全面覆盖，多为青黑色，果实着色终止后，大小不再增加，可使蓝莓果实呈现更加悦目的蓝色。但果实的风味和糖度随着时间的推移而增加。果实的成熟期及种子的大小和数量都因蓝莓种类和品种的不同有所区别。

第三节　蓝莓的栽培种类和主要品种

　　蓝莓为杜鹃花科（Ericaceae）越橘属（Vaccinium）植物，全世界约有 400 余种，分布于北半球的温带和亚热带。中国约有 91 个种 28 个变种，主要分布于东北和西南地区。目前，主栽品种有高丛蓝莓（Vaccinium corymbosum）、矮丛蓝莓（Vaccinium chamaebuxus）和兔眼蓝莓（Vaccinium ashei）3 个种类。高丛蓝莓主产于北美温带、亚热带，是目前全世界人工栽植面积最大的蓝莓种类，它又可分为北高丛蓝莓、南高丛蓝莓和半高丛蓝莓。北高丛蓝莓适宜栽植在低温休眠期稍长的北方；而南高丛蓝莓需要低温休眠的时间短，适合南方栽植；半高丛蓝莓是高丛蓝莓与矮丛蓝莓的杂交种，适宜栽植在休眠期较长、寒冷的北方。矮丛蓝莓主要分布于美国东北部和加拿大东部沿海地区，以野生资源为主，适宜栽植在北方寒冷地区。兔眼蓝莓原产北美洲亚热带地区，树势旺盛，抗逆性强，丰产，对土壤 pH 值的要求幅度较宽，休眠期与需水期均较短。

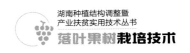

一、栽培种类和主要品种

（一）矮丛蓝莓

矮丛蓝莓（lowbush blueberry）主要分布于高纬度的美国东北部、加拿大以及北欧和我国东北地区，年平均气温 5~12℃，能忍耐 -30℃以下的极端低温。树高 30~50 厘米，有的树高 1 米以上（如东北笃斯越橘）。矮丛蓝莓适宜北方寒冷气候区域种植，目前以野生为主，人工栽培品种不多，在我国东北地区商业化栽培品种有美登。部分品种如下：

1. 美登（Blomidon）

中熟品种。果实圆形、淡蓝色，果粉多，有香味，风味好。树势强，丰产，在长白山区栽培 5 年生平均株产 0.83 千克，最高达 1.59 千克。抗寒力极强，长白山区可安全露地越冬。

2. 芝妮（Chignecto）

加拿大品种，属中熟种。果实近圆形，蓝色，果粉多。叶片狭长，树体生长旺盛，易繁殖，较丰产，抗寒力强。

3. N-B-3

早熟品种。树势较弱，植株较小，树丛直立。成熟果粒小，果肉中等硬度，甜度中等，酸味较大。果实耐贮藏。

（二）高丛蓝莓

高丛蓝莓（highbush blueberry），又可分为北高丛蓝莓、半高丛蓝莓和南高丛蓝莓等三个类型，各个类型的生态适应性又不同。

1. 半高丛蓝莓

半高丛蓝莓是由北高丛蓝莓与野生矮丛蓝莓杂交后代选育出来的。适应我国东北和山东等地休眠期较长的北方以及云贵高原海拔 1000 米以上、冬季 7.2℃低温 1200 小时以上的北亚热带温凉地区种植。它们的产量不如北高丛蓝莓高，但果实风味品质非常好，保留了其亲本野生矮丛蓝莓的风味。需冷量 1000~1200 小时。株高 0.5~1.2 米，抗寒性极强。部分品种如下：

（1）北陆（Northland）

半高丛品种，美国选育。早中熟，果实暗蓝色，中等大小，果肉紧实，多汁，果蒂痕中等大小。甜度、酸度中等，风味佳。树体开张，树势强，树体较矮，树高约 1.2 米。对土壤适应能力强，抗寒能力极强。产量高，成熟期比较集中，果实适合做深加工，适合在冬季天气寒冷的地区种植。

（2）北蓝（Northblue）

晚熟品种。果实大、暗蓝色，肉质硬，风味佳，耐贮藏。树势强，树高约 0.6 米，叶片暗绿色，有光泽。抗寒（−30℃），丰产性好，株产量可达 1.3～3.0 千克，适宜于北方寒冷地区栽培。

（3）北村（Northcountry）

中早熟品种。果实中大、亮蓝色，甜酸，风味佳。树势中等，树高约 1.0 米，冠幅 1.0 米，耐寒性很强，抗 −37℃低温。早果、丰产性好，一般株产量可达 1.0～2.5 千克。叶片小、暗绿色，秋季叶色变红，树姿优美，适宜观赏，是高寒山区蓝莓栽培的优良品种。

（4）圣云（St. Cloud）

早熟品种。树高 50～90 厘米，树开张形。果粒中大，果味好。蒂痕小、干。抗寒力强，丰产。

（5）北蓝（Northblue）

中熟品种，树体生长势中庸，枝条健壮，树高 0.6～1.2 米。果实很大，半高丛蓝莓品种中果实最大的，平均达 2.5 克，暗蓝色，肉质较硬，风味佳，耐贮。抗寒性强（−30℃），丰产性好。

2. 北高丛蓝莓

北高丛蓝莓品种在全世界种植最广泛。适宜生长在比较温暖地区，同时冬季有足够的冷量积累，在我国适宜种植区很广泛。北高丛蓝莓品种需冷量一般要达到 800 小时以上。多数品种可以自花结实，种植两个以上品种产量更高。部分品种如下：

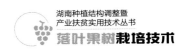

（1）公爵（Duke）

1986 年美国选育的早熟品种，为世界许多地区的主栽品种之一。极丰产。因早期丰产、稳产、品质极佳而著称。树体长势较旺，直立至开展，树高 1.2~1.8 米。果整齐度高，中大，淡蓝色，质地很坚硬，耐贮藏和运输，货架期长，风味清淡，冷藏后改善。适宜机械采收。秋季树叶橙黄色，美观。

（2）瑞卡（Reka）

早熟品种。树体生长直立、健壮、生长速度快，树高 1.2~1.8 米。果穗大而松散，果实暗蓝色，中等大小，果实直径 12~14 毫米，平均单果重 1.8 克。果实具怡人的香气，甜，风味极佳。果实质地硬，耐储运。对土壤适应性好，对湿和较黏重土壤耐受力强于其他品种。抗寒性强。早期丰产性好，极丰产。在鲜果和本地市场很受欢迎，但更适于加工，非常适于机械采收。

（3）早蓝（Earlyblue）

1952 年美国选育出的品种。成熟极早，易栽培。树体健壮，直立，枝条短壮，树高度可达 1.2~1.8 米。果实中等至大，浅蓝色，质硬，品质佳。比较丰产。果实上市早，适于机械采收。可用于鲜果、加工和庭院自采果园。

（4）奥林匹亚（Olympia）

美国选育的早熟品种。株丛生长旺盛，冠开展。果实中等大小，暗蓝色，软，皮薄，果蒂痕中大，风味极佳，加工品质好。

（5）蓝丰（Bluecrop）

中熟品种。目前依然是蓝莓产业中最可靠、种植最广泛、优秀的标准品种。其适应性、丰产性、稳产性、结果寿命和抗病性在所有品种中表现极佳，是世界范围内栽培最广的品种之一。其树体生长速度快，生长势强，直立，树冠较开张，树高达 1.2~1.8 米。极丰产，且连续丰产能力强。果实大、淡蓝色，果粉厚，肉质硬，果蒂痕干，具清淡芳香味，未完全成熟时略偏酸，风味佳。比较耐春霜。适宜机械采收。推荐用于商业性鲜果、加工、自采或本地市场销售。

（6）雷戈西（Legacy）

美国选育中熟品种，比"蓝丰"品种略早熟。树体生长势强，直立，分支多，树高 1.5~1.8 米。果实蓝色，果实大，质地很硬，果蒂痕小且干。果实含糖量很高，口感甜，鲜食风味极佳。果穗松散，容易采收。极丰产，为鲜果生产的优良品种。

（7）蓝金（Bluegold）

中熟品种，较丰产。树体长势中庸，比较直立，树冠紧凑，为圆球形，树高 1.0~1.5 米。果实质地非常硬，品质佳，果蒂痕浅，中型果，果实整齐度好，颜色靓丽。果实非常耐储，货架期非常长。成熟期集中，因此人工采摘和机械采收最经济。

（8）达柔（Darrow）

1965 年美国选育晚熟品种。树体生长快，树冠大，树高可达 1.2~1.8 米，较直立。果实大，稍扁平，呈浅蓝色，果蒂痕大。果实微酸，风味品质佳，适宜烹调和鲜果食用。丰产。

（9）布里吉塔（Brigita）

1980 年澳大利亚选育出的晚熟品种。树体生长速度快，极健壮，直立。果实大，中等蓝色，果蒂痕小且干，风味甜或略酸，果实品质好，货架期长。适宜于机械采收。

3. 南高丛蓝莓

南高丛蓝莓最适宜夏季较热、每年冷量低于 1000 小时的气候区域。多数南高丛品种不能自花授粉结实。为了获得最高产量和最大果实，需要不同品种交替种植进行相互授粉。南高丛蓝莓喜湿润、温暖气候条件，需冷量低于 600 小时，抗寒力差。适于我国黄河以南地区如华东、华南地区发展。与兔眼蓝莓品种相比，南高丛蓝莓具有成熟期早、鲜食风味佳的特点。部分品种如下：

（1）奥尼尔（O'Neal）

1987 年美国选育的早熟品种。树体直立，树冠开展，分支较多，树高

1.2~1.8 米。果实大，中蓝，果蒂痕干，质地硬，多汁，甜，鲜食风味佳。冷温需要量为 500~600 小时。抵抗茎秆溃疡病。早期丰产，极丰产。该品种适宜机械采收。开花期早且花期长，容易遭受早春霜害。

（2）夏普蓝（Sharpblue）

1976 年美国选育出的中熟品种。树体生长势旺盛，直立，树冠开张，树高 1.2~1.8 米。果实中等大小，中蓝，风味极佳。需冷量要求 200 小时以上，是南高丛蓝莓品种中需冷温低的品种。早期丰产能力强。

（3）密斯梯（Misty）

"密斯梯"（又称"薄雾"）为 1992 年美国选育出的中熟品种。生长速度快，树势中等，开张形，树高 1.2~1.8 米。果实品质优良，果大而坚实，大小中等至大，有香味，色泽美观，果蒂痕小而干。需冷量不低于 250 小时。为南高丛蓝莓品种中最丰产品种，采收期长。属暖带常绿品种。

（4）萨米特（Summit）

1997 年美国选育出的中晚熟品种。植株半开张，生长势中庸，树高 1.5~1.8 米。果大，浅蓝色，果硬，甜而有香气，风味佳，果蒂痕小。货架期长。萌芽开花较早，丰产，稳产。单株产量 3.6~4.5 千克。

（5）明星（Star）

树体中等直立，丰产性能中等偏上。早熟，成熟期相对集中，果实中大均匀，平均果重 1.6 克，蒂痕小而干，质地很硬，耐储运能力强。口味佳。要求低温 400 小时左右。

（6）绿宝石（Emerald）

树体生长健壮，半开张。4 年可达 1.5 米。果实极大，果蒂痕小且干，质地硬果实口味甜略有酸味。成熟期极早，且较集中。产量高，抗寒力强，抗病能力也较强。

（7）南月（South Moon）

早中熟北高丛品种。四倍体，果实扁圆形，具五棱，果实横径 19.0 毫米；果实大，平均单果重 2.7 克；果实淡蓝色，果粉厚；果蒂痕中等（直径

2.0 毫米）且干；风味佳，有香气，总糖含量 13.0%，可滴定酸含量 0.6%。果实硬度 230 克/毫米，平均每个果实种子数 14 个，种子直径 1.72 毫米。幼树半直立，生长势中等至强，成龄树直立，产量低至中等，平均株产 2.0 千克。

（8）双丰（Sweetheart）

早熟、果实成熟期集中，极佳的果实风味、果实硬度极好。丰产性极佳，比"公爵"丰产 25%。果实中到大，平均单果重 1.6 克。树体直立，开花习性与"蓝丰"相似。抗寒性比"蓝丰"略差。适应范围较宽，在我国相当于辽东半岛到云南的区域范围。该品种具有二次开花结果且于秋季能够达到具有采收经济价值的成熟果实这一特性。

（三）兔眼蓝莓

兔眼蓝莓品种原产于美国东南部各州，已经商业种植近 100 年。浆果较硬、果粉较厚，采后货架期较长。美国南部兔眼蓝莓种植者采用机械采收的方式，采收的果实主要用于鲜食和加工，但果实种子与高丛蓝莓相比更加明显。该品种群树体高大，一般高 2~3 米，寿命长，耐湿热，抗旱，但抗寒能力差，对土壤条件要求不严。适应于我国长江流域以南、华南等地区的丘陵地带栽培。需冷量一般为 450~850 小时。

（1）粉蓝（Powderblue）

晚熟品种。植株生长健壮，枝条直立，肉质硬，果蒂痕小且干，果实为淡蓝色，品质佳。冷温需要量为 550~650 小时。

（2）芭尔德温（Baldwin-T-117）

晚熟种。树势强，开张型。果粒中、大，甜度大，酸味中等。果皮暗蓝色，果粉少。果实硬，风味佳。果实蒂痕干且小。收获期长，适宜于庭园、观光园栽培。

（3）园蓝（Gardenblue）

中晚熟品种。树势强，直立；树高 2.60 米，冠幅 1.40 米。果实中粒，甜味多，酸味少，有香味。果粉少，果皮硬。土壤条件差的场所也能旺盛生长。

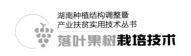
（4）灿烂（Britewell）

早熟品种。树势中等，直立。果粒中、大，最大单果重为 2.56 克，最小单果重为 1.21 克，平均单果重 1.85 克。果实可溶性固形物含量 17.4%，酸度 pH 3.35，有香味。果肉质硬，果蒂痕小、速干。丰产性极强，抗霜冻能力强。不裂果，适宜机械采收和作鲜果销售。

（5）乌达德（Woodard）

早熟品种。幼树时期树势弱，开张型；成树后生长旺盛，树高达 1.2 米，冠幅 85 厘米左右。此品种对冷温需要量低，春季高温后很快开花，易受霜害。果粒中、大，扁圆形，完全成熟后果实风味极佳，但完全成熟前风味偏酸。果皮亮蓝色，果粉多，果蒂痕大、干。果实质软，不适于鲜果远销。为保证结实，应采取弱修剪。

（6）红粉佳人（Pink Lemonade）

新泽西州杂交选育出的红果蓝莓变异品种，六倍体，具有 50% 兔眼蓝莓血缘和 50% 其他六倍体的高丛类型的血缘。中晚熟到晚熟，产量中等，果实中型，果面光滑，浅粉色果实，风味中等，质地硬度好。株丛生长时旺盛，直立，叶片光亮绿色，披针形，叶缘锯齿。对僵果病的枯萎期具有一定抗性。

二、湖南主要栽培种类及品种

按产区划分，湖南属于长江流域产区。长江流域的上海、江苏、浙江、安徽、湖南、湖北和江西一带，无霜期 190~280 天，年降雨量 750~2000 毫米。土壤多为酸性的黄壤土、水稻土和砂壤土，湿润多雨，夏季高温，南高丛蓝莓和兔眼蓝莓品种表现优良。以露地生产蓝莓鲜果为目标，南高丛品种 4 月中旬初至 6 月下旬果实成熟，兔眼品种 6 月中旬至 8 月中旬果实成熟，早中晚熟品种搭配可以实现露地生产 3 个月的果实采收期，具有露地生产优势。

实践证明，长江以南地区表现较好的品种为"奥尼尔""密斯梯""莱格西""布里吉塔""灿烂""巴尔德温"。

第四节　关键栽培技术

一、生态适应性需求

（一）对土壤条件的需求

土壤酸碱度和有机质含量是蓝莓栽培成功的关键因素。高含量的有机质有利于透气和排水，有利于菌根真菌的侵染繁殖；同时土壤中也须含有20%~30%的黏土，这样可以让土壤保持水分。我国南方山地多为酸性黄黏壤，种植上需要增加有机质来提高透气性。充分利用枯枝落叶或松树叶或碎木屑这种对蓝莓生长有利的有机质，能够降低土壤pH而且分解过程中能够提供营养。禁止使用焚烧过后的枯枝烂叶作为肥料或者就地焚烧，因其灰烬中含有的物质对蓝莓有一定的危害。

土壤酸度调节应该在种植前6个月向土壤撒施硫黄粉。土壤pH值不能低于3.5，一般将土壤pH值调节至5.0~5.5即可满足大多数蓝莓生长需求。土壤pH值大于7.0以上的碱性土壤中，蓝莓难以正常生长，会逐渐黄化并死掉。蓝莓是杜鹃花科植物，因此需要土壤中有菌根真菌存在才有利于生长。

高丛蓝莓和兔眼蓝莓在土壤酸碱度方面的要求有所不同。高丛蓝莓要求土壤酸碱度在4.0~5.5，有的品种最高不能超过5.0，有的品种可以达到5.5，最佳范围为4.3~4.8。如果土壤pH值高于5.5以上，就要求施入硫黄粉或酸性肥料进行土壤改良调酸。兔眼蓝莓对土壤的酸碱度适应范围要宽一些，为pH 4.0~6.0，最佳范围为4.5~5.5，当pH超过6.0以上，其产量和生长量也会大大降低，表现出明显的缺素症。

（二）对气候条件的需求

蓝莓要求1年中要有160天以上的生长期和一定的低温期。不同蓝莓种类及品种对低温期要求也不尽相同。如果蓝莓需冷量达不到所需时间就会影响花芽分化，导致开花不整齐或者叶芽不萌发。一般来说，高丛蓝莓需要700小时以上的需冷量（7.2℃以下低温时间）才能顺利通过休眠，而一些品

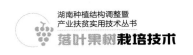

种需要 1000 小时以上。兔眼蓝莓需要 400 小时以上的需冷量，有的品种只需要 300 小时以上。南高丛蓝莓仅需要 150~200 小时需冷量。

过低的温度会使蓝莓产生冻害。高丛蓝莓在休眠期温度低于 -25℃ 就有冻害产生；而兔眼蓝莓在 -15℃ 的低温下不会引起冻害，但在开花以后容易受到倒春寒的危害。盛花期高丛蓝莓只能忍受 -5℃ 的低温，兔眼蓝莓如果叶芽展开 -1℃ 就有可能产生冻害。

二、园地选择

（一）环境要求

在园地选择上，土壤、气候和水源是首先需要考虑的因素。还需要良好的交通运输条件，确保建园选择远离城市和交通要道、距离公路 50 米以上、周围 3 千米以内没有工矿企业直接污染（"三废"的排放）和间接污染（上风口或上游的污染）的区域，其环境要求符合 GB/T18407.2 规定。

（二）生态条件

要求阳光充足，冬季 7.2℃ 以下的低温时间为 450~850 小时以上。

（三）土壤条件

土壤 pH 值 4.0~5.5，最适土壤 pH 值为 4.0~4.8。土壤有机质含量 8%~12%，至少不低于 5%，土壤疏松，通气良好，湿润但不积水。当土壤 pH 值大于 5.5 时，必须采取措施降低 pH 值，常用方法是施入硫黄粉或硫酸铝，将其均匀撒入全园土壤，深翻 15 厘米混匀；利用松针、锯木屑和烂树皮等酸性基质掺入施用，效果更佳。当土壤 pH 值低于 4.0 时，常用石灰进行调节。

三、建园要求

（一）整地和土壤改良

土地整理时间一般在秋冬季种植前，主要是清理土壤中遗留的杂草、灌木、树桩等。用挖掘机清理杂灌木丛根、杂草，将大块土弄碎。种植地为平地时，通常要建高垄，并修建好水渠；种植地为坡地时需要修建环山水平梯带。

在南方山地（荒山荒地、低产林地）建园种植时，一般采取挖成2.3~2.5米的环山水平带，将松软的表皮土放置于带面，呈40~50厘米高、1.2~1.6米宽的厢垄，然后将粉碎的松树皮和草炭土或松林下的腐殖土等，与厢垄上栽植层土壤，按1:2混合均匀，也可以按5千克/株准备草炭土或腐殖土加发酵好的农家肥等有机质。地势较平缓的农耕地或稻田建议采用定植沟整理地块，挖行宽2.5米、沟深0.3~0.4米的定植沟。将挖取的表土与农家肥或作物秸秆（1:1）混合后回填施入沟底并压实踏紧，厚度为20厘米左右，最后将开沟取出的剩余土壤按1:3比例添加草炭土或腐殖土加发酵好的农家肥混合，全部回填施入定植沟，定植沟垄厢高出地面40厘米以上。经验得出，退耕种植建园要求施入草炭土、腐殖土和农家肥等有机质的量必须高于原土2/3以上才有利于蓝莓生长发育。另外，农耕地的土壤pH值多在6.0~7.5，需要施入硫黄粉降低pH值，一般每亩40~50千克，稻田每亩60~80千克，整地时均匀撒入土壤后回填。

如果土壤类型为疏松的砂壤土，平地、缓坡地和具有较大台面的山地时，推荐采用机械化开沟土壤改良与种植一体化技术。开沟机开定植沟，结合旋耕机可以实现土壤改良和种植的机械操作一体化，可有效提高土壤改良效果和劳动效率。

建园时一定考虑排水良好的排水系统，排水沟的深度要至少1米。在降雨量过大的南方产区、北方产区的平地，均建议起垄栽培，垄高40厘米以上。如果有条件于长江流域产区可考虑避雨栽培，不仅可以避免涝害，也有利于果实品质提高和采收。

根据建园土壤有机质水平来调节草炭土等有机质的添加量，土壤酸度不够时可掺入适当硫黄粉。土壤改良使用的硫黄选择200目或300目均可。切记硫黄在撒施前一定要过筛处理。硫黄颗粒较细，长时间存放或受潮会发生聚集结块，使用后会导致土壤pH值改良不均衡，严重者会导致烧根。撒施硫黄之前先要测好土壤pH值，尽量保证所得数值的准确性。撒施硫黄时按照地块面积，最好分2~3次撒施，保证改良效果。

（二）株行距

空气湿度和园内通风透光条件是影响蓝莓自然授粉的重要因素，因此合理的株行距对其产量和质量有非常大的影响。根据各蓝莓种类或品种的生长发育特性决定株行距。

按株行距兔眼蓝莓 1.5 米 × 2.0 米、南方高丛蓝莓 1.5 米 × 1.5 米，北高丛蓝莓 1.5 米 × 1.5 米，挖 50 厘米 × 50 厘米 × 40 厘米（深度）定植穴。

四、品种选择及定植

（一）苗木选择

选择品种纯正和质量好的种苗，向有资质和信誉的专业苗圃购买。要与有售后技术支撑服务的苗圃建立关系，重要的是品种来源、特性，要有可追溯性。

建园栽植的种苗应选择 2 年培育的苗高 50 厘米以上，地径 0.6 厘米以上的壮苗，植株分枝多、枝条粗壮、根系发达、无病无伤。最好选择两年生以内的优质营养袋苗（容器苗）或裸根苗。

（二）品种配置

异花授粉是提高蓝莓产量和果实大小的重要因素之一。异花授粉可使高丛蓝莓的坐果率从 67% 提高到 82%，可使兔眼蓝莓从 18% 提高到 47%。因此，种植蓝莓时至少需要配置两个以上的品种以保证相互授粉。配置方式采取种植行间隔配置，如主栽品种 3~5 行，授粉品种 1~2 行。高丛蓝莓可采用片块状配置，自花结实率高的品种可以单独建园。

（三）定植

定植在早春枝芽萌动前（2 月初至 3 月初）或秋季停止生长后（11 月中旬至 12 月底）进行，栽植时应在沟穴内基肥上面填入 20 厘米熟土，并且把营养钵苗的根系打散疏松，利于根系生长。两年生苗的定植深度在 15~20 厘米，要求覆土压紧压实，做到"三覆一踩一提苗"。苗木根系切忌与肥料接触，定植后，及时浇足定根水。

五、覆盖

蓝莓根系分布浅，根部极易受到外部不利影响的伤害。有机物覆盖的优点：首先是减少水分蒸发保持土壤湿度，调节土壤温度和缩小地表温度变化，延长树体生长时间；其次有利于使土壤 pH 值维持在较低水平，可增加土壤有机质含量和改变土壤物理性状，减少缺素症，促进生长；三是抑制杂草，增加土壤微生物数量。

覆盖的材料可用粉碎的松树枝条、松树皮、松针、锯末、草炭土、易腐烂的作物秸秆等，其中以松树的碎屑最好。成年树覆盖厚度为 15~20 厘米，宽度可覆盖到整个厢垄的范围。还可采用黑色园艺地布等作为覆盖物防草。但在我国长江流域高温高湿地区，用园艺地布覆盖会导致根系缺氧，同样不利于根系生长。所以，最佳的覆盖物是有机质，但是用有机质覆盖要长期坚持才能体现效果，特别注意防治金龟子等虫害。

六、灌溉与施肥

（一）灌溉

蓝莓根系极浅，非常容易遭受干旱的伤害。科学的灌溉是在土壤缺水之前进行，测试的方法是用手探根深位置土壤湿润程度。通常情况干旱保持在从地表往下 5 厘米是不会显示蓝莓植株缺水。一般情况下，幼年果园应始终保持最适宜的水分条件，即达到果园中持水量在 60%~70%；成年果园和盛果期在果实发育阶段和果实成熟前应减少水分供应，果实采收后，恢复最适的水分供应，使园中持水量恢复到 60%~70%，中秋至晚秋季节减少水分供应，以利于植株及时进入休眠。

灌溉方式主要采用滴灌系统，滴灌高度应距离地面 60~70 厘米，滴管置于地面不利于除草和地面覆盖管理。切忌用漫灌园地土壤的方式，否则对蓝莓植株是致命的伤害。灌溉水源最好是低 pH 值的水源，种植前应确定水源和水源是否满足种植需求。

（二）施肥

以腐熟农家肥和有机复合肥为主，有机复合肥氮、磷、钾的比例通常为1：1：1。蓝莓不易吸收硝态氮，而且硝态氮易造成蓝莓生长不良。因此，蓝莓应以施硫酸铵等铵态氮肥为佳。另外，蓝莓对氯很敏感，过量极易引起中毒，因此选择肥料种类时不要选用含氯的肥料，如氯化铵、氯化钾等。土壤施肥1年2次，第1次在开花前后（长沙地区3月中旬至4月上旬）进行，以速效肥为主，可用腐熟菜饼750千克/公顷，加40%的优质复合肥300千克/公顷。第2次在果实采收结束后（长沙地区6月下旬至7月中旬）进行，以有机肥为主，施腐熟农家肥15.0~22.5吨/公顷，加40%的优质复合肥450千克/公顷。另外也可叶面喷施，在对土壤施肥的同时，根据果树缺乏某种元素症状，通过叶面喷施含某元素肥料作为一种补充施肥方式。在南方山地蓝莓园，提倡秋季在蓝莓种植行施放腐烂发酵的农家肥覆盖地面，施用量根据树丛大小，每株10~15千克，肥料施放好后再取行间泥土覆盖在上面，待肥料养分慢慢释放。

水肥一体化具有高效、精准、省力等优势，是未来果树生产的一个发展趋势，推荐蓝莓种植者应用。应用"水肥一体化"技术，使主要根系土壤始终保持疏松和适宜的含水量，同时根据不同作物的需肥特点、土壤环境和养分含量状况、作物不同生长期需水情况、需肥规律情况进行不同生育期的需求设计，把水分、养分定时定量，按比例直接提供给作物，达到了"省钱、精准、高效和省力"的效果。对于山地梯田、平地模式、洼地抬田的蓝莓果园均可使用。水肥一体化技术重点在于抓住蓝莓养分需求三个关键时期：即萌芽前、坐果后和果实膨大三个时期。由于各地的土壤类型、肥力状况和气候条件以及管理水平的差异，需要根据具体的情况来进行调节。

七、修剪

果树的整形修剪是调节生殖生长与营养生长的有效途径。在我国蓝莓各产区和生产园中，修剪一直是一个主要的生产环节。12月份到翌年萌芽之前，是蓝莓冬季修剪的时期，把握蓝莓修剪技术，是提高产量和品质的重要环节。

修剪的总体原则：维持壮枝、壮芽和壮树结果，达到最佳品质而不是最高产量，防止过量结果。蓝莓修剪后往往造成产量降低，但单果重增大，果实品质提高、成熟期提早、商品价值增加。修剪时应防止过重，以保证一定的产量。修剪程度应以果实的用途来确定，如果加工用，果实大小均可，修剪宜轻，提高产量；如果是鲜果销售，修剪宜重，提高商品价值。

蓝莓修剪时间因气候区域、种类及品种、土壤肥力等条件不同有一定的差异。在我国长江流域和贵州高原，蓝莓可在果实采收完一个半月后至冬季落叶前进行修剪（10月份至12月份）。我国南方大部分地区，夏末秋初过早修剪后会立即萌发新梢，新梢极易遭受早霜的危害，也会对花芽分化产生影响。在10月至11月没落叶前修剪最好，可使树体通风透光、枝条营养充足，有利于花芽生长分化，同时落叶后的枝条较硬也不利于修剪。在我国南部温暖的广西、广东北部、福建、云南及四川攀枝花、西昌等地区，南高丛蓝莓和早熟兔眼蓝莓园，可在果实采收后一个月进行整枝修剪，促进枝条萌发并形成良好的结果枝和花芽，但要求种植者小面积实验后再大面积使用。

（一）幼树修剪

幼树定植后1~2年就有花芽，但若开花结果会抑制营养生长。幼树期是构建树体营养面积时期，栽培管理的重点是促进根系发育、扩大树冠、增加枝量，因此移栽的幼树仅需剪去花芽及少量过分细弱的枝条或小枝组；对定植成活后第1个生长季，尽量少剪或不剪，以迅速扩大树冠和枝叶量；对前3年的幼树主要是以疏除下部细弱枝、下垂枝、水平枝及树冠内的交叉枝、过密枝、重叠枝为主，确保树高度2.0米、树幅1.2米以上。第三年、第四年应以扩大树冠为主，但可适量利用强壮枝条结果，一般3年生树根据树体生长势剪留50~100个强壮花芽，产量控制在0.5千克左右，4年生树花芽选留100~150个，产量控制在1千克左右。

（二）成年树修剪

疏除树冠各处的细弱枝和因结果而逐渐衰弱的弱枝。回缩大枝先轻后重，即先回缩 1/3~1/2，等回缩更新后的大枝再次衰弱时，加大回缩力度，剪去 2/3，甚至从近地面处剪除。疏除病枝、枯枝、交叉枝、靠近的重叠枝。

第五节　杂草控制与病虫害防治

一、杂草控制

田间除草是蓝莓生产管理中一个最为棘手的问题。目前，由于杂草控制较差，使其与蓝莓争夺养分和水分，造成产量和品质下降。尤其是幼年期果园蓝莓幼苗需要更多的水分和养分供其快速生长，同时杂草也会遮挡阳光等影响幼苗生长。目前主要有以下几种除草方式：①人工除草是目前大多数种植户及田间管理的主要除草方式，注意及时有效地除草；②化学除草，使用较多的除草剂为草甘膦和精喹禾灵，生长季节都可以使用，药剂用量和浓度根据杂草生长情况而定；③机械除草，旋耕机或割灌机等应用比较广泛，操作方便、效率高、节省人工；④人工生草，可选用三叶草或其他草种；⑤自然生草法，让杂草任意生长，采用割灌机反复清理，割灌下来的杂草覆盖树体根部；⑥行间间作法，行间种植不高的适宜作物，适用于幼年果园；⑦园艺地布覆盖，是简单实用和有效的果园杂草控制方式，要求定植带覆盖至少1 米的宽度，较好的园艺地布可使用 3~5 年。

用植物残体或覆盖园艺地布防治杂草效果良好。推荐采用果园生草法（如三叶草）抑制杂草，果园生草不仅可有效增加土壤有机质，还可较好的行间防杂草。

二、病虫害防治

坚持预防为主的原则，采用综合防治的方式，尽可能实现自然农业生产生态条件。尽可能地降低农药用量，提倡选用生物农药和高效、低毒、低残留性能的化学农药，并科学合理地进行交替用药。采用化学农药时应严格按GB4285、GB8321 的用药标准执行。

常见的病害主要有：白粉病、霜霉病、僵果病、茎秆腐烂病。常见虫害主要有：蚜虫、螨类、果蝇、毒蛾、刺蛾、大蚕蛾、天牛、蛴螬、枝梢食心虫等。采用化学防治时，应在蓝莓果熟期前 20 天以及在采果结束前期间；必须坚持不用药，禁止使用剧毒农药。如必须使用时，应选择不同的农药交替使用。

防治时间与主要措施：在 11 月下旬结合冬季修剪，清除杂草，消灭越冬的病虫，并剪除病枝、虫枝等；在 12 月应结合深翻冬剪，将土壤深翻 20 厘米，并注重消灭在土壤中越冬的害虫。在 4 月中下旬至 5 月上中旬，可采用 50% 多菌灵 400~600 倍液和 80% 敌敌畏乳油 1200~1500 倍液混合防治 2 次，2 次间隔 10~15 天；在 8 月中下旬至 10 月，用 50% 多菌灵 400~600 倍液和 80% 敌敌畏乳油 1000~1200 倍液或 2.5% 溴氰菊酯乳油 1000~1200 倍液混合防治 1~2 次，具体应该根据田间病虫害程度采取相应措施。蓝莓果实成熟期，用防鸟网或稻草人、电驱鸟器、鞭炮等方式驱赶鸟类。

第六节　采收和包装

一、采收

蓝莓果实的成熟期不一致，因此要分批采收。一般来说，当果实表面转变成蓝紫色到紫黑色时即成熟。一般盛果期 2~3 天采收 1 次，初果和末果期 4~6 天采收 1 次。通常鲜食、运输距离短且保藏条件好的在九成以上成熟时采收；供加工饮料、果浆、果酒、果冻等在充分成熟后采收；供制作果实罐头的在八成熟时采收。采摘应在早晨至中午高温之前，或在傍晚气温降

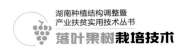

低后进行，采摘时轻摘、轻拿、轻放，对病果、畸形果应单独存放。

二、包装、运输

果实在包装、运输过程中，要遵循小包装、多层次、留空隙、少挤压、避高温、轻颠簸的原则。采用较浅的透气筐篓、纸箱、果盘等装果容器。鲜销鲜食果实选用有透气孔的聚苯乙烯盒或纸箱，规格为每盒装果不超过1000克。用作加工的果实应采用大的透气型料筐或浅的周转箱、果盆等直接包装运输至加工厂。

三、贮藏

在常温条件下果实存放保质期为 2~3 天。过分成熟的果实易腐烂，因此一定要适时采收以延长保存期。果实采收后，尽量避免挤压、曝晒。低温贮藏时要求温度低于 10℃，降温时要慢，要有预冷过程，过快降温容易导致腐烂。速冻贮藏为果实采收后，经分级、清选，在 −18℃以下低温速冻。

第七节　栽培管理月历

表 7-1　蓝莓栽培管理月历表

时间	主要管理技术	操作要点
1 月至 2 月	整形修剪	（1）湖南地区冬季修剪最好于 12 月至翌年 1 月中旬进行。从基部疏除 6 年生以上衰退的主枝，疏除或短截长势过旺的枝条，对生长相互影响的主枝去弱留强，剪除伤残枝、细弱枝、水平枝等。结合冬剪清扫果园枯枝、落叶及各种杂草，并集中烧毁或深埋； （2）喷 5 波美度石硫合剂。检查主干是否有虫洞。结合冬剪处理

续表 1

时间	主要管理技术	操作要点
3 月	水肥管理	（1）湖南地区保持土壤湿润； （2）追肥，湖南地区此时为始花期，可采用复合肥施入
	田间管理	做好保护措施，防止倒春寒冻伤花芽
3 月下旬至 4 月中旬	病虫害防治	（1）蛴螬：大量有机肥改造土壤后要注意防治金龟子幼虫（蛴螬），每株施入辛硫磷颗粒 10 克。有机栽培的果园可用黑光灯、高压钠灯或高压汞灯诱杀成虫，土壤每亩施用绿僵菌或白僵菌 1.5 千克； （2）湖南地区防止木蠹蛾的危害。检查枝条是否突然枯萎，及时检查虫洞并处理； （3）螨虫、蚜虫、毛虫、菜青虫、刺蛾等害虫发生轻，萌芽前喷 5 波美度石硫合剂防治，果实采收后用达螨灵、吡虫啉、阿维菌素等防治，其他时间不必用药； （4）叶片黄化病，由缺铁缺镁引发，但并非土壤里真的缺铁和镁，而可能是土壤 pH 值偏高、干旱或者根系受损，影响了根系对元素的吸收所致。可进行土壤调酸，每株蓝莓用草炭土 1.5 千克、硫黄粉 100 克，拌匀后撒在根系附近，盖上秸秆等覆盖物，浇透水，1 个月后就能缓过来； （5）蓝莓溃疡病（茎腐病）发病后，蓝莓枝条的颜色发生异常，上面布满红褐色病斑，若进一步发展病枝会逐渐死掉，但并不传染健康枝条。要结合春天修剪剪掉病枝
	水肥管理	（1）此时高丛蓝莓部分成熟，兔眼蓝莓仍然青果期。盛果期蓝莓每株追施腐熟有机肥 2 千克混加硫基复合肥 200 克，由施微肥硫酸锌 10 克、硼肥 10 克、硫酸亚铁 50 克。在垄上开沟，深 20 厘米、宽 15 厘米，将混合均匀的肥料撒入沟内覆土，施肥后浇水灌溉； （2）特别注意水分管理，干旱时及时浇水，保证田间最大持水量的 60% ~ 70%

续表 2

时间	主要管理技术	操作要点
3月下旬至4月中旬	花果管理	（1）辅助授粉。高丛蓝莓自花结实率高，配置授粉树可提高果实品种和产量。兔眼蓝莓自花不实，可选用高丛品种作授粉树。另需放养蜜蜂或人工授粉等，可提高坐果率； （2）疏花疏果。管理条件好的果园栽植第2年即可形成花芽，但要进行疏花，以节约营养促进根系发育，增大树冠。盛果期成年蓝莓树应疏花疏果，合理负载。促进早熟和增加单果质量，防止树体早衰，保障稳产
4月下旬至6月	花果管理	（1）辅助授粉。同上 （2）疏花疏果。同上 （3）果实采收：南高丛蓝莓成熟期。采收前2周内保持适宜土壤水分。果实采收按商品要求适期分批进行。采摘需轻拿轻放，避免挤压、曝晒。同时做好商品可追溯体系
	施肥管理	壮果肥：追腐熟的有机肥、硫酸铵。据情况每株施有机肥约3千克，硫酸铵100克。距离树体基部30~40厘米处，挖20厘米深的环状沟施入，覆土浇水
	田间管理	疏除或短截过密、徒长、交叉、重叠、细弱枝条，改善通风透光条件
	水分管理	蓝莓为须根系，抗旱力差，必须保障水分供应。在顶端叶片出现萎蔫前及时灌水。注意园地若积水必须及时排出，少雨干旱季节6~8天灌溉1次，提倡使用水肥一体化技术，省工省力、节水节肥
6月下旬至8月下旬	果实采收	此时兔眼蓝莓成熟。方法同上
	夏季修剪	主要是调整树体结构，剪除当年结果枝上采果后的空枝，剪除过密枝、水平枝、弱小枝、病枝等。修剪顺序由下往上，由内往外
	水肥管理	（1）7月下旬至8月上旬根据情况可追肥，施腐熟有机肥每株2~4千克，在垄上开沟，深20厘米、宽15厘米，撒肥于沟内，覆土； （2）保证土壤相对湿度60%~70%，利于花芽形成

续表 3

时间	主要管理技术	操作要点
9 月至 10 月	水肥管理	（1）秋施基肥，每亩施入发酵好的畜禽肥 2000~3000 千克，黏壤土最好混以 2 倍肥料的沙，连续施用 2~3 年，可较好地增加土壤透气性。条沟式水肥管理施肥，即在树冠垂直投影外围相对的两面挖 2 条长度 50 厘米、深 15~20 厘米的沟，避免伤及大根，填入肥土混合物； （2）少量多次进行浇水，以满足花芽分化的需求
11 月至 12 月	田间管理	休眠期，做好清园工作，将枯枝落叶全部清理出园区
	水分管理	做好防寒工作，保证树体安全越冬，促进来年树体发育

第八章
南方鲜食枣栽培技术

王仁才

中国是枣树的原产地，枣树是我国独有的经济树种，起源于黄河中下游，至今已有 7000 余年的历史，由野生酸枣驯化而来，自古被视为珍贵的滋补果品和重要的中药材（图 8-1）。

湖南枣树栽培历史悠久，品种资源丰富，分布面广。湖南的许多县（市）都产枣，主要品种 20 多个，以鲜食品种为主，部分为鲜食、制干兼用品种。截至 2007 年底，全省枣树栽培面积 15.4 万亩，其中结果面积 13.2 万亩，产量 9 万吨左右。大多枣树栽植于山地，有少量水田、旱土和四旁栽培，主要分布在怀化、衡阳、永州和郴州四市。南方高温多湿，枣果成熟期提前，果实大，果形指数增大，果面光滑，着色均匀漂亮，果皮更薄，肉质更酥脆化渣，且核小肉厚，口感好。除个别枣树品种外，在南方栽培的鲜枣，其根系活动、生长及萌芽、展叶、开花、挂果等物候期表现比北方要早。

图 8-1　枣树

第一节　主要栽培品种

鲜食枣在南方的四川、重庆、贵州、广西、湖南、湖北等地发展迅速，其中，湖南的许多县（市）都产枣，主要品种 20 多个，以鲜食品种为主，部分为鲜食、制干兼用品种。目前，湖南省大量发展的鲜食枣品种主要是质脆味甜的中秋酥脆枣与玉泉冬枣两类晚熟品种，其次为鲜食加工兼用的大果型溆浦鸡蛋枣之中熟品种。

一、中秋酥脆枣

中秋酥脆枣平均单果重 13.2 克，平均果形指数为 1.21，可食率达 97.1%，可溶性固形物含量 43.7%。栽种四年进入丰产期，五年生树最高株产达 42 千克，每亩产量达 776 千克（图 8-2）。

该品种在祁东县 3 月下旬萌芽，4 月上中旬展叶，5 月上旬初花，花期 40 天左右，果实生长期 90~100 天，9 月上中旬成熟。

图 8-2　中秋酥脆枣

二、玉泉冬枣

南方地区引进沾化冬枣、苹果冬枣、芒果冬枣等优质良种，经驯化选育，得到两个适宜在南方栽培的优良晚熟鲜食品种，玉泉冬枣和南雁冬枣。果实整齐度高，果肉味甜酥脆，品质特优，适应性广，抗逆性强。其树势较强，树冠较开张或开张，拉枝整形修剪后呈矮冠开心形树形。枣吊抽生多，细长。9 月上中旬果实成熟，11 月下旬落叶，进入休眠期。

三、苹果冬枣

该品种果实高扁圆形，形似苹果，外形美观，果实大，果实平均单果重 26.8 克。外形美观，果实内质佳，果皮薄而脆，肉质致密细脆、甜味浓，

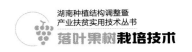

9月下旬果实成熟，12月上旬进入落叶休眠。定植第2年即开始开花结果，第3年平均株产5~10千克，第4年丰产，平均株产15~18千克/株，最高可达22~25千克/株。

四、芙蓉枣

亲本来自山西伏脆蜜枣，为湖南玖一玉泉科技实业有限公司申报品种，适宜湖南地区种植。选用合格苗按2米×3米或1.5米×3米规格栽植，适时修枝整形，前2~3年以培养树冠为主；生长过程中适时拉枝、去枣头、摘心、环割；在前一年采果后，开沟施微生物菌肥，每株3~4千克，外加复合肥0.5~1千克。湖南7月下旬果实成熟。

五、金丝小枣5号（曙光5号）

抗裂果新品种"曙光5号"是从河北沧州"金丝小枣"资源中选育出的品种。该品种果实圆柱形，平均单果质量12.64克，最大单果质量16.80克；果皮深红色，果面平整。鲜枣肉厚、核小，果肉黄白色，口感较硬，汁液较多，甘甜；果实可食率高达95.08%；可溶性固形物含量34.50%，制干率56.20%。10月中旬果实进入成熟期，果实生长期115~120天。

六、子弹头枣

该品种又称北京马牙枣、马牙枣、白马牙枣、尖尖枣、美人指，果实呈长锥形至长卵形，下圆上尖，果皮为红色，果肉为淡绿色，致密细嫩，多汁味极甜。鲜枣含糖量35.3%，每百克含维生素C 332.86毫克，可食率92.94%，品质上等。中国山西省和山东省等地有种植，8月下旬至9月上旬成熟，较其他枣类成熟期早（图8-3）。

图8-3 子弹头枣

七、溆浦鸡蛋枣

溆浦鸡蛋枣个大似鸡蛋，一般单果重可达 40~60 克，最大者可达 80~100 克。鸡蛋枣虽在湖南各地均有栽培，但溆浦为主要原产地。树体中等，树势中庸，树姿开张，其突出的优点为开花结果极早，坐果率高，早期丰产性能极强，盛果期产量高。一般定植第 2 年普遍结果，第 3、第

图 8-4　溆浦鸡蛋枣

4 年进入初果期，株产 3~5 千克，5 年后大量结果，盛果期株产可达 20 千克左右（图 8-4）。

第二节　生物学特性

一、主要生长结果特性

鲜枣幼树枝条生长旺盛，树姿直立，干性较强。成龄树则长势中庸，树姿开张，枝条萌芽力、成枝力降低。鲜枣的枝可分为三类，枣头、枣股和枣吊。枣头是由主芽发育而成，每个枣头有 6~13 个二次枝。枣股是生长量极小的结果母枝，也可视为缩短了的枣头，是枣头由旺盛生长转为结果的形态变异。枣吊即结果枝，主要由枣股上的副芽形成。在同一枣吊上，以 4~8 节叶片最大，3~7 节结果最多。在幼树整形时可将二次枝重短截（二次枝基径 1.5~2 厘米时）可刺激形成新枣头，培养角度较水平的骨干枝。

二、适宜的生长环境条件

枣树是喜温树种，在其生长发育期间需要较高的温度。南方枣树早春萌

图 8-5 枣果

芽早，落叶晚（图 8-5）。当春季日平均气温达到 13~15℃时，鲜枣芽开始萌发，达到 17~18℃时抽枝、枣吊生长、展叶和花芽分化，19℃时出现花蕾，日平均气温达到 20~21℃时进入始花期，22~25℃进入盛花期。花粉发芽的适宜温度为 24~26℃，低于 20℃或高于 38℃，发芽率低，果实生长缓慢，干物质积累少，品质差。枣树耐冬季极端最低温度的能力很强，休眠期可忍耐 -30℃的低温，夏季可忍耐 45℃短时的高温。

鲜枣是抗旱耐涝能力较强的树种，对湿度有较强的适应范围，年降水量 100~1200 毫米的区域均有分布，以年降水量 400~700 毫米较宜。湖南年均降水量 1350~1450 毫米，但多集中在 5~7 月，所以应在多雨季节注意排水，在干旱高温季节注意灌溉。

第三节　南方鲜食枣园建立

一、园地选择

在山间平原或地势较为平缓、高差较小、坡度不大的岗地，可以实行全园平整，平整后的坡度应小于 6°。在丘陵或低山区，由于地势较复杂，高差较大，则采用修筑水平梯田，第一步按等高线随弯就弯，平高垫低，第二步做成水平梯田，一般为斜壁式梯田。梯田阶面要求外高内低，斜壁是填方的地方一定要夯实，使其具有一定的抗冲刷能力。对于地势复杂，在不便修筑水平梯田的情况下，可在定植枣树的地方修筑一个 2 立方米左右的鱼鳞坑，注意修筑成外高内低的种植面，鱼鳞坑的大小和布局视地形而定。

二、枣园规划

道路设计：枣园内主干道居于枣园中部，贯穿全枣园，一般宽 4~5 米。丘陵低山区的枣园主干道应顺山势呈环形或"十"字形，坡度不超过 15°（图 8-6）。为便于农事操作及枣果运输，应建设若干条支路，一般垂直于主干道，根据地势而定，宽 3~4 厘米。支路也是枣园小区之间的分界线。

图 8-6　枣园建设

排灌系统包括灌溉系统和排水系统两部分。枣园宜建在水源充足、水质符合灌溉标准的地方，同时，注意排水，避免积水，影响枣树生长。灌溉方式以低压管道输水灌溉为主，还可采用滴灌和喷灌。

三、枣苗定植

栽前根系要用水浸根 2 小时使根系吸足水分，并对根系进行修整，剪去干、腐烂及劈裂等不良根系，再用生根粉 10~15 毫克/千克的溶液浸根 1 小时，然后即可栽植。为提高成活率，可将苗木的二次枝剪除，中心主枝延长头在壮芽部分前方截去。

栽植后，枣苗度过缓苗期开始恢复生长后，施追肥一次，促进生长。在苗干四周、距干 20~30 厘米处，挖 4 个直径 20 厘米、深 8~10 厘米的小穴，每株施入复合化肥和尿素各 50 克，施后覆土浇水。

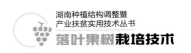

<h1 style="text-align:center">第四节 土肥水管理</h1>

一、土壤管理

　　土壤管理就是通过施肥和耕作措施，将枣园土壤培肥，主要有枣园翻耕、施用有机肥、中耕除草、枣园覆盖等几个方面的措施（图8-7）。

　　枣园翻耕，加厚枣园土壤的活土层，增大土壤涵养水分和养分的容量及鲜枣树根的营养范围，有利于枣树的生长发育。

　　中耕除草，生长季节对枣园进行中耕，可以破除地表板结，切断土壤毛细管，减少水分蒸发，增加土壤通透性，促进肥料分解，干旱季节保墒效果尤为显著。

图8-7 枣园土壤管理

　　枣园覆盖，用作物秸秆或地膜覆盖枣园可以防止水土流失，减少水分蒸发，防止低温剧变，抑制杂草生长，增加土壤有机质含量，提高土壤肥力。一般使用麦秸、玉米秸、稻草等秸秆覆盖枣园10~20厘米。

二、水分管理

　　枣树虽然耐干旱，但为了获得高产量必须要有充足的水分供应，特别是在枣果的膨大期，需水量很大。集约经营的枣园，要求5~40厘米土层的全年土壤含水量保持在最大持水量的60%~70%（折和含水量：黏壤质土14.5%~16.8%，沙壤质土12%~14%）；为了减少土壤蒸发，保持稳定的土壤水分状况，节约灌溉用水，可采用滴灌、渗灌、喷灌等先进的灌溉方式。当前土肥一体化滴灌技术发展迅速，省时省工，灌溉施肥一次完成，并能及时满足枣树生长所需，有着良好的前景。

三、施肥

以枣产量计算施肥量，每 100 千克鲜枣产量全年施用纯氮 1.6~2.0 千克、磷 0.9~1.2 千克、钾 1.3~1.6 千克为宜，其中有机肥（包括秸草）所含氮、磷、钾应占 60% 以上，以维持和提高土壤有机质和微量元素含量。据枣树生长状况，酌情增减施肥量。基肥最好在早春根系活动长出白色新根之前施下，氮肥、钾肥应占全年用量的 1/2，磷肥应占全年用量的全部。

第五节　树冠管理

一、整形修剪

（一）主要树形

当前适用树形，行枣农间作时，要求树冠高大，以疏散分层形、主干形为宜；成片栽种尤其密植时，以自然开心形为宜。

1. 疏散分层形

全树主枝 7~9 个，分三四层着生在中心干上。分三层，第一层主枝 3~4 个，基角为 50°~60°，各枝向四周伸展。第二层、第三层主枝各 2~3 个，第五主枝上分生 1~3 个副主枝，第一层、第二层间距 100~120 厘米，第二与第三层的层间距 60~80 厘米。本树形为枣树较好树形，尤其适于肥地和干性强的品种。

2. 主干形

树体较高大，全树共有主枝 6~8 个，各主枝在主干上垂直间隔 50~70 厘米，上下错落排列，不分层。各主枝有必要时可分生少数副主枝，以填充空间。此树形宜用于肥地或强性品种。

3. 自然开心形

主枝 3~4 个，其培养方法可参考桃幼树的整形。本形树体较矮，整形容易，便于管理，单位树冠体积生产率明显超过其他树形，尤其适于干性弱的品种（图 8-8）。

（二）幼树整形

1. 定干

一般枣农间作干高 1.6~1.8 米，成片园 1.0~1.2 米。对发枝力强的品种，在适当部位能萌生生长枝时，即可将其培养成主枝，而对干上的二次枝采取逐年清除的方法。每年清干高度不应超过树高 1/3~1/2。但对长势强，发枝力弱的品种连年单轴生长而不分生长枝的，可于冬剪时剪去顶芽或 6~7 月对新梢进行摘心，促其分枝。

图 8-8　自然开心形

2. 骨干枝的培养

在主枝、副主枝的周围有枣头发生，即以同侧相隔 60~80 厘米距离配置，勿使重叠或相互荫蔽，则其上所生的永久性枝都成为枣股的基枝。在基枝不衰弱的年限内，年年能自枣股抽枣吊结果。为速生丰产，可于落果前对上部枣头摘心结合树干环剥，既可提高坐果率，又可促进二次枝生长和提高下一代枣头质量。

（三）修剪

修剪的主要方法有短截、回缩、双截、疏剪、目伤、环割、开甲、摘心、缓枝、拉枝、拿枝软化、抹芽与除萌。

1. 短截

截去一年生枣头或二次枝的一部分，叫作短截，旨在集中养分，改善膛内光照，刺激生长或抑制生长，分轻短截、中短截和重短截。

2. 回缩

截去多年生枝条的一部分，作用是集中养分，改善膛内光照，促进生长，一般用于复壮和更新枝条。

3. 双截

在枣头的二次枝上方截去部分枣头，并将二次枝从基部疏去，在于刺激主芽萌发生长，促进目的枣头生长，扩大树冠或培养结果基枝。

4. 疏剪

疏去膛内枣头、二次枝及枣股，作用是调整膛内枝条结构，改善通风透光条件，平衡树势，健壮生长。疏枝会减弱全树的生长势，但对被疏去枝条的母枝能增强生长势。

5. 目伤

在枣头二次枝基部主芽的上方0.5厘米左右处横割两刀至木质部，两刀间距3毫米左右，剪去二次枝，在于刺激主芽萌发，生成目的发育枝。

6. 环割

在骨干枝上用刀环割2~3圈，环与环间有一定间距，目的是暂时隔断该枝的韧皮部疏导组织，阻隔养分回流，促使枣树提前结果。

7. 开甲（环剥）

在枣树主干上进行环状剥皮称为开甲，作用是暂时隔断树干皮层疏导组织，阻断甲口以上部位养分回流，集中养分，促进花芽分化，提高坐果率，一般20天左右伤口愈合（图8-9）。

图8-9　环剥

8. 摘心

剪去新生枣头的部分嫩梢，抑制枣头生长，减少养分消耗，减少落花落果，并且可以培养结果基枝。

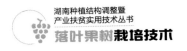

9. 拉枝

根据树冠对各类枝条构成角度的要求，将枝条拉成适宜角度，平衡各类枝条生长势，构建良好的树体结构。

10. 抹芽与除萌

修剪宜采用疏缩结合的方式，打开光路，引光入膛，培养内膛枝，防止内部枝条枯死和结果枝条外移，注意结果枝组的培养和更新，延长结果年限。当枣树产量大幅度下降，外围枝头极度衰弱，各骨干枝、结果基枝已开始枯死，局部更新已无明显效果，此时，枣树已进入衰老期。此时，为恢复枣树产量，应及时进行全树更新，更新程度视衰老情况而定。

二、花果管理

枣的花芽分化自枣树萌芽已开始，随着枣吊的生长逐渐现蕾，后期是花芽分化、现蕾、开花、授粉、坐果同时进行，突然表现为树体各器官营养竞争激烈，致使营养不足坐果率很低，自然坐果率不到1%。因此花期的管理措施都是围绕提高树体营养水平进行的。花期管理除了前面讲的要进行追肥、浇水外，枣头、二次枝、枣吊摘心，适时开甲、喷植物生长调节剂、喷微肥、喷清水、放蜂授粉等措施对提高坐果率均有较好的效果。

（一）保花保果技术

在鲜枣的幼果期、发育期及枣果采前需要采取一系列管理措施，提高鲜枣产量和品质。幼果期一般为15~20天，幼果形成初期，果实细胞迅速分裂和生长，这一时期枣吊二次与幼果发育产生严重的营养竞争，一般会出现一次生理落果。为保住更多的幼果，需追施保果肥，以氮肥为主，适当配施磷钾肥。

（二）疏花疏果技术

鲜枣花量大，丰产性佳，进入丰产期后，常因花量大、坐果多，树体营养供给不足，不仅影响果实的正常发育，形成小果及次果，还会削弱树势，易感病害，使翌年减产。疏花疏果宜在早期进行，以减少养分消耗，原则是：看树定产，分枝负担，均匀留果。对弱树、果多的树要早疏多疏；旺树果少的树，要晚疏、少疏。内膛弱枝，多疏少留；外围强枝，少疏多留。

（三）一年多次结果技术

一些鲜食枣品种在南方地区栽培表现生长势强，树冠形成快，树冠开张，二次枝及枣吊抽生多，花芽分化好，花量大，且一年可多次抽梢形成花芽，一年多次结果。当第一次坐果稳果后，对萌发的夏梢，根据树形树势决定去留，一般全树留 2~3 个新梢，待其长到 80 厘米长时进行摘心，促使其从营养生长向生殖生长转化。

第六节　主要病虫害防治

一、防治原则与方法

完善土肥水管理，增强树势，提高枣树抗虫抗病性；清洁枣园，清除那些残留结果枝和病果，剪除枯枝、病虫枝并烧毁或深埋；合理整形修剪，合理开甲，生草栽培，保持枣园通风良好；栽植抗病虫品种，适宜当地环境条件；喷洒生物药剂或低毒化学药剂，预防病害；按时巡查，争取做到病虫害"早发现，早防治，早控制"，减少损失；分清病害种类，了解致病菌，对症下药。

二、主要虫害及其防治

（一）枣尺蠖

枣芽萌发后，卵开始孵化，以幼虫危害嫩芽、叶片，严重时全对叶片被吃光，后期专食蕾和花，影响枣树的正常生长及开花结果。

防治：幼虫树上为害期，施用 2.5% 溴氰菊酯 4000~5000 倍液，树上喷洒防治；秋季翻耕枣园时，捡拾土深 15 厘米以上、距树干 60 厘米的虫蛹杀死。

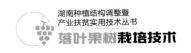

（二）龟蜡介壳虫

若虫为害枝叶，固定取食，孵化后 7~10 天全部被蜡。若虫排泄污染全枝，引起黑霉菌繁殖，使幼果早落，树势转衰。

防治：①用 40% 水胺硫磷 400 倍液或 50% 西维因 500 倍液，连喷 2 次；②利用天敌，进行生物防治；③结合修剪，剪去虫枝，集中烧掉。

（三）桃小食心虫

属卷叶蛾科，幼虫在果内蛀食，严重影响产量和质量。1 年发生 2 代，7 月上中旬和 8 月中下旬分别为两代幼虫蛀果盛期。

防治：①用 2.5% 溴氰菊酯、杀灭菊酯 4000 倍液或 40% 水胺硫磷 400 倍液，树上喷洒 2 次；②7 月下旬至 8 月上旬第 1 代蛀果幼虫随果落地，可捡拾落果，集中烧掉，减少虫量。

图 8-10　枣瘿蚊为害症状

（四）枣瘿蚊

为害尚未展开的呈卷筒状的嫩叶，受害嫩叶呈浅红或紫红色肿皱的细筒，不能伸展，质硬而脆，最后变黑枯焦（图 8-10）。

防治：①枣芽即将萌动时，枣园地面喷洒 25% 辛硫磷微胶囊，或 2.5% 美曲磷酯粉，毒杀出土的越冬成虫。喷洒后耙锄一遍，将药混入土中，延长药效。②枣树发芽后，第一代幼虫发生期树上喷布 20% 甲氰菊酯等拟菊酯类农药 2000 倍液，每 10 天一次，连喷 2~3 次，杀灭卷叶中的幼虫。

（五）绿盲蝽

成虫、若虫刺吸叶片、嫩芽汁液，造成大量破孔、皱缩不平的"破叶疯"，叶缘残缺破烂，叶卷缩畸形、早落；重者腋芽、生长点受害，造成腋芽丛生。

防治：于 3 月下旬至四月上旬越冬卵孵化期、4 月中下旬若虫盛发期及 5 月上中旬三个关键期喷洒 20% 氰戊菊酯乳油 2500 倍液或 48% 乐斯本乳油 1500 倍液、52.25% 农地乐乳油 2000 倍液等。

（六）枣黏虫

幼虫吐丝黏缀芽、叶、枣头和花，在其中为害并蛀食果实，造成叶片残损、枣花枯死、枣果脱落，对产量影响很大。

防治：各代幼虫孵化盛期，特别是第一代幼虫孵化期，喷洒 10% 天王星乳油 3000~4000 倍液。第一次施药掌握在枣树发芽初期，第二次在芽长 3~5 厘米时为宜。

（七）桃蛀螟

为害果实。幼虫从果与果、果与叶、果与枝的接触处钻入果实为害。果实内充满虫粪，致果实腐烂，并造成落果或干果挂在树上。

防治：叶面喷洒 90% 美曲磷酯 800~1000 倍液或 20% 杀灭菊酯乳油 1500~2000 倍液、2.5% 溴氰菊酯乳油 2000~3000 倍液、50% 辛硫磷乳油 1000 倍液等。

三、主要病害及其防治

（一）枣疯病

症状：地上部染病主要表现为花变叶和主芽的不正常萌发，造成枝叶丛生现象。地下部染病主要表现为根蘖丛生，后全部焦枯成刷状而枯死。发病树很少结果，发病 3~4 年即可整株死亡。

防治方法：及早铲除病树，加压注射四环素（包括土霉素）、祛疯 1 号、祛疯 2 号（河北农业大学制品），治疗轻病树，有抑制效果，但不能根治。

（二）枣锈病

症状：主要为害叶片，染病树 8~9 月大量落叶。发病初期叶背散生淡绿色小点，之后凸起呈暗黄褐色，最后失去光泽，干枯脱落。如防治不及时树叶会全部落掉，枣果萎蔫，导致绝产。

防治方法：从终花后的幼果期开始，每隔 10~12 天喷布 1 次 5% 菌毒清水剂 400 倍液，直到果实进入白熟期为止。

（三）枣缩果病

症状：在果实白熟期开始发病，脆熟期是发病盛期。受害果多在胴部出现淡黄褐病斑，病斑纵缩，后变为暗红色，剖开果皮，果肉呈浅褐色，组织萎缩松软，呈海绵状坏死（图 8-11）。

防治方法：①加强管理，增强树势；发芽前树体喷布 3~5 波美度石硫合剂。② 6 月下旬至 7 月中旬幼果期，每隔 10 天喷布一次 50% 多菌灵 800 倍液或大生 1000 倍液来治疗。

图 8-11　枣缩果病

（四）炭疽病

症状：主要为害果实。在花期侵染，果实近成熟时发病。感病后，果肩或胴部受害处最初出现淡黄色水渍状斑点。叶片受害后变黄绿早落，有的呈黑褐色焦枯状悬挂在枝头。

防治方法：枣果生长期，每隔 7~10 天，喷一次 1 :（2~3）: 200 的波尔多液，或 75% 百菌清可湿性粉剂 700 倍液，连续喷布 3~4 次，防止分生孢子侵入危害。

（五）枣轮纹烂果病

症状：幼果期侵染，果实成熟时发病。病斑呈轮状纹，扩展迅速，果实 2~3 天可全部腐烂，有酒糟味，失去经济价值。

防治方法：刮除老树皮，减少越冬病原。从终花后的幼果期开始，每隔 10~12 天喷布 1 次 5% 菌毒清水剂 400 倍液，直到果实进入白熟期为止。

（六）枣干腐病

症状：干腐病菌侵染衰弱树的枝、干，一般在 5 月下旬开始发病，发病初期病斑红褐色，有肿胀，后期病斑干缩，呈褐色，病斑绕树干一周时树即死亡。

防治方法：①加强管理，多施有机肥料，增强树势，提高抗病力。②枣苗定植时，注意预防受伤，避免深栽；定植后即充分灌水，缩短缓苗期。

（七）枣树根腐病

症状：一般为害枣树的主根、侧根，主要是根颈部，开始发病在根颈部，根颈受害呈水渍状褐色病斑，出现白色霉菌绢丝覆盖枣树主干和地面（图 8-12）。

防治方法：及时挖开根颈周围的土壤晾晒降湿，并刮除病皮、涂抹 2% 硫酸铜液，再予浇灌 50% 多菌灵可湿性粉 400 倍液等治疗措施，一周后再培覆根颈。

图 8-12　枣树根腐病

（八）焦叶病

症状：主要在枣叶、枣吊上发生。感病后叶片出现灰色斑，后转褐色，斑与斑相连，叶片顶端、外缘向内焦枯，后期病叶发黄早落，幼果瘦小早落，影响树势和产量。

防治：发病期的 6 月、7 月、8 月各喷一次 25% 叶枯净可湿性粉剂 500 倍液或 20% 抗枯宁水剂 500 倍液、30% 王铜悬浮剂 800 倍液，可有效控制病害流行。

（九）枣黑腐病

症状：果肩开始，呈现不规则凹陷斑，边缘清晰，病斑向果顶扩展，直至整个果实变为黄褐色至暗红色，失去光泽，外观呈铁锈色，病果肉变为浅黄至褐色，呈海绵状坏死、变苦，病果易脱落。

防治：从 7 月中旬进入梅雨季或发病初期开始喷洒 70% 代森锰锌可湿性粉剂 500 倍液或 50% 扑海因可湿性粉剂 1000 倍液、75% 百菌清可湿性粉剂 600 倍液、50% 百·硫悬浮剂 500 倍液，10 天 1 次，防治 3~4 次。

（十）细菌性疮痂病

症状：细菌性疮痂病为害冬枣的叶、枣吊、花柄及新生枣头，叶片感病后，先端或边缘部分呈水烫状萎蔫，但不失绿，病健部分界明显，大量落叶。

防治：3 月底 4 月初全园喷布 3~5 波美度石硫合剂，消灭越冬病菌；4 月初发芽前结合防治其他病虫，全园喷杀虫杀菌剂，进一步压低初侵染菌源；5 月初用 68.75% 易保 1500 倍液喷雾。

图 8-13　细菌性疮痂病

第七节　栽培管理月历

表 8-1　南方鲜食枣栽培管理月历表

月份	物候期	工作内容
1 月	休眠期	巡查枣园，注意防寒
2 月	休眠期	（1）清理枣园，剪除枯枝； （2）翻刨树根，搜集虫蛹，集中销毁； （3）刮树皮，堵树洞
3 月	萌芽期	（1）清除枣园杂草，翻耕； （2）追施萌芽肥，结果树每株施 0.5 千克尿素或磷酸二铵 1 千克； （3）萌芽后，要及时喷药防治盲椿象、枣瘿蚊、食芽象甲等害虫

续表 1

月份	物候期	工作内容
4 月	抽枝展叶期	（1）清除枣园杂草，灌溉； （2）注意防治病虫害，主要是枣瘿蚊、枣黏虫、白绢病
5 月	枝条生长、花芽分化、开花坐果期	（1）抹芽、摘心、疏枝、拉枝、扭枝； （2）对于树势较弱的枣树在开花初期叶面喷 0.5%尿素液或 0.3%磷酸二氢钾，土壤可追肥、灌水，以补充营养和水分； （3）花期开甲或喷药保花保果，开甲后用 1 克赤霉素加 2 克枣丰灵兑水 50~60 千克，全树喷洒，可连用两次； （4）花期枣园放蜂
6 月	幼果期	（1）夏季修剪，继续控制枣头，提高坐果率； （2）为防幼果脱落，喷洒保果药剂； （3）疏松土壤，清除杂草，追施保果肥； （4）喷药防治桃小食心虫、龟蜡介和红蜘蛛，预防炭疽病
7 月	果实发育期	（1）控制营养生长，平衡树势； （2）合理补充肥水，促进果实发育； （3）及时防治病虫害，提高果实品质，主要是炭疽病、枣锈病、轮纹病及红蜘蛛、桃小食心虫等
8 月	果实膨大期	（1）立杆撑枝，防止果枝折断； （2）中耕除草，干旱时浇水保墒； （3）追施复合肥和生物有机肥，施叶面肥； （4）防治病虫害，主要是桃小食心虫、枣锈病
9 月	果实成熟期	（1）适时采收果实； （2）喷施叶面肥，恢复树势
10 月	果实成熟、开始落叶	（1）施基肥； （2）枣果采收、销售

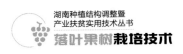

续表 2

月份	物候期	工作内容
11 月	落叶期	（1）全面清园，刮老树皮，清除树皮中的越冬害虫、虫卵和病菌； （2）清除枣园内的树叶、烂果、枣吊、杂草，集中深埋，制作有机肥
12 月	休眠期	（1）园地翻耕，疏松土壤； （2）树干涂白

156

落叶果树是湖南水果的重要组成部分，主要包括葡萄、猕猴桃、梨、李、桃、樱桃、枣等主要树种，全省种植面积达 200 万亩，年产量约 80 万吨，分别占全省水果总面积和总产量的 25%、15%。

　　为满足生产需要，普及推广实用栽培技术，我们组织编写了《落叶果树栽培技术》。本书秉承让农民"看得懂、学得会、用得上、干得成"的宗旨，采用通俗语言，结合典型图片，对产业基本情况、建园关键技术、优良新品种、栽培管理核心技术、病虫害防控新技术等进行解读，形成了系统的技术集成和示范推广应用模式，归纳编制了湖南主要落叶果树的栽培管理月历表，提供了准确的"农时、农事"信息，实用性强，可作为技术培训资料或供从业人员在生产中参考使用。

　　本书的技术基于科学研究、实地调研和种植经验形成，同时参阅和引用了国内外许多学者、专家的研究成果与文献，在此一并表示感谢！

　　由于编者水平有限，书中如有不妥之处，敬请读者批评指正。

编 者

图书在版编目（ＣＩＰ）数据

落叶果树栽培技术 / 杨国顺，成智涛主编. —— 长沙：湖南科学技术出版社，2020.3（2020.8 重印）
（湖南种植结构调整暨产业扶贫实用技术丛书）
ISBN 978-7-5710-0426-2

Ⅰ．①落… Ⅱ．①杨… ②成… Ⅲ．①落叶果树—果树园艺 Ⅳ．①S66

中国版本图书馆 CIP 数据核字(2019)第 276134 号

湖南种植结构调整暨产业扶贫实用技术丛书

落叶果树栽培技术

主　　编：杨国顺　成智涛
责任编辑：欧阳建文
出版发行：湖南科学技术出版社
社　　址：长沙市湘雅路 276 号
　　　　　http://www.hnstp.com
印　　刷：湖南凌宇纸品有限公司
　　　　　（印装质量问题请直接与本厂联系）
厂　　址：长沙市长沙县黄花镇黄花工业园
邮　　编：410137
版　　次：2020 年 3 月第 1 版
印　　次：2020 年 8 月第 2 次印刷
开　　本：710mm×1000mm　1/16
印　　张：11
字　　数：140 千字
书　　号：ISBN 978-7-5710-0426-2
定　　价：38.00 元